互联网+珠宝系列教材
高等教育珠宝专业"十三五"规化教材

数控首饰雕刻实训

SHUKONG SHOUSHI DIAOKE SHIXUN

许文彬　夏旭秀　编著

内 容 简 介

本书由企业工程师和院校教师根据目前珠宝市场数控首饰雕刻的教学和培训需求联合编写。全书以任务引领、做学合一为理念,以认识数控雕刻、数控雕刻机、各题材数控首饰的设计和雕刻等为主要内容,按照由易到难的顺序编排,并附有相关快捷键介绍和工具参数等供读者参考。

本书适合高职、中职等职业院校珠宝及相关专业的学生使用,也适合珠宝行业相关从业人员使用,还可供珠宝首饰数控雕刻技术爱好者参考。

图书在版编目(CIP)数据

数控首饰雕刻实训/许文彬,夏旭秀编著. —武汉:中国地质大学出版社,2021.7
ISBN 978-7-5625-4983-3

Ⅰ.①数…
Ⅱ.①许… ②夏…
Ⅲ.①首饰-雕刻-计算机辅助设计-应用软件
Ⅳ.①TS934.3-39

中国版本图书馆 CIP 数据核字(2021)第 057448 号

数控首饰雕刻实训		许文彬 夏旭秀 编著
责任编辑:张旻玥 阎娟	选题策划:张琰 阎娟	责任校对:张咏梅
出版发行:中国地质大学出版社(武汉市洪山区鲁磨路388号)		邮政编码:430074
电 话:(027)67883511	传 真:(027)67883580	E-mail:cbb@cug.edu.cn
经 销:全国新华书店		http://cugp.cug.edu.cn
开本:787 毫米×1092 毫米 1/16	字数:285 千字	印张:14.5
版次:2021 年 7 月第 1 版		印次:2021 年 7 月第 1 次印刷
印刷:武汉中远印务有限公司		
ISBN 978-7-5625-4983-3		定价:68.00 元

如有印装质量问题请与印刷厂联系调换

前　言

随着科学技术的发展,在珠宝首饰行业各类新材料、新仪器、新加工手段不断涌现,如3D打印技术、数控首饰雕刻技术等。这些新的加工手段越来越多地在首饰加工生产中得到应用,但市场上缺少合适的教材。

为了适应珠宝现代加工相关人才培养的需要,满足教学需要,中国地质大学出版社组织企业工程师、院校教师一起编写了这本教材,期待能为学生提供相应的学习资料和参考。

本教材在内容和形式上具有以下特色。

(1) 德育为先。在正文之前,作者写了一封给学员的信,在信中列出了从事数控首饰雕刻所需的职业素养、职业规范、安全守则及操作要求;在每个模块中,也列出了从业人员所需的职业素养要求,体现了德育为先的教育思想。

(2) 能力为本。本教材全面按照能力为本CBT(Competence Based Training)的教育理念来编写,在各任务中明确提出了能力目标、学习效果测评等,从而确保学生达到一定能力水平。

(3) 任务引领。本教材从数控首饰产品雕刻的实际岗位需要出发,按岗位需要进行典型工作任务分析,由易到难,供学生使用。

(4) 做学合一。本教材通过一个个实际任务,使学生能跟随企业工程师的步骤,在阅读教材和观看教学视频中,一步一个脚印,学会各类首饰产品的设计和制作,在完成作品的同时,逐渐掌握相关软件的使用,实现做学合一。

全书共分两大模块、十二个教学任务,其中教材大纲、设计思路、体例、模块一、附录由夏旭秀整理、编写,模块二由许文彬编写,教学视频由许文彬录制,最后由夏旭秀统编、修改和定稿,由章越颖主持审定。

本书的编写与珠宝业界同仁提供的帮助密不可分,在此表示感谢。感谢远东现代职业培训中心章越颖老师提供的宝贵修改意见!感谢上海信息技术学校黄虹老师、陈福玲老师的帮助!感谢北京荟宝教育科技有限公司周振华先生、张文宾先生的大力支持!感谢中国地质大学出版社的各位领导和老师为本书的出版付出的巨大努力!

由于笔者的水平有限,加之时间仓促、掌握的资料有限,书中的疏漏之处在所难免,笔者诚恳希望并感谢广大同行朋友、教师、学生给予批评指正,以便今后进一步修正完善。

编著者

2021 年 6 月

致学员的一封信

亲爱的同学：

您好！

欢迎您选择《数控首饰雕刻实训》教材学习，在我们进入正式学习之前，请您阅读下面的数控首饰雕刻员职业素养要求，并请在实训过程中严格遵守安全规范和操作规程。

★ **职业素养**

规范 严谨 细致 创新

★ **职业规范**

1. 遵守国家法律、法规和企业的各项规章制度。
2. 严格按安全守则进行操作，保证安全。
3. 认真负责，严于律己，不骄不躁，吃苦耐劳，勇于开拓。
4. 刻苦学习，钻研业务，具有较高的思想觉悟及科学文化素质。
5. 爱岗敬业，具有团结协作精神。

★ **数控首饰雕刻安全守则**

操作者必须熟悉机床的结构、性能及传动系统、润滑部位、电气等基本知识和使用维护方法，操作者必须考核合格后，方可进行操作。

一、工作前认真做到

1. 检查润滑系统，储油部位的油量应符合规定。
2. 必须束紧服装、套袖，戴好工作帽、防护眼镜，工作时应检查各手柄位置的正确性，应使变换手柄保持在定位位置上，严禁戴围巾、手套，严禁穿裙子、凉鞋、高跟鞋上岗操作。
3. 检查机身、导轨以及各主要滑动面，如有障碍物、工具、木粉、杂质等，必须清理、擦拭干净并上油。
4. 检查工作台、导轨及主要滑动面有无新的研拉伤、碰伤，如有要做好记录。
5. 检查安全防护、制动(止动)和换向等装置是否齐全完好。

6. 确保操作阀门、开关等处于非工作的位置上,并确保灵活、准确、可靠。

7. 确保刀具处于非工作位置。检查刀具及刀片是否松动,检查操作面板是否有异常。

8. 确保电器配电箱关闭牢靠,电气接地良好。

二、工作中认真做到

1. 坚守岗位,精心操作,不做与工作无关的事。因事离开机床时要停机。

2. 按工艺规定进行加工。严禁任意加大进刀量、削速度。严禁超规范、超负荷、超重使用设备。

3. 刀具、工件应装夹正确、紧固牢靠。装卸时不得碰伤设备。

4. 严禁在设备主轴锥孔,安装与其锥度或孔径不符、表面有刻痕和不清洁的顶针、刀套等。

5. 对加工的首件要进行动作检查和防止刀具干涉的检查,按"空运转"的顺序进行。

6. 刀具应及时更换。

7. 铣削刀具未离开工件,不准停机。

8. 严禁擅自拆卸机床上的安全防护装置,缺少安全防护装置的设备不能工作。

9. 开车时,工作台不得放置工具或其他无关物件,操作者应注意不要使刀具与工作台撞击。

10. 经常清除设备上的木粉、油污,保持导轨面、滑动面、转动面、定位基准面清洁。

11. 密切注意设备运转情况、润滑情况,如发现动作失灵、震动、发热、爬行、噪音、异味、碰伤等异常现象,应立即停车检查,排除故障后,方可继续工作。

12. 设备发生事故时应立即按急停按钮,保持事故现场,报告维修部门分析处理。

13. 工作中严禁用手清理木粉,一定要用清理木粉的专用工具,以免发生事故。

14. 自动运行前,确认刀具补偿值和工件原点的设定。

15. 切削加工要在各轴与主轴的扭矩和功率范围内使用。

16. 装卸及测量工件时,把刀具移到安全位置,主轴停转;要确认工件在卡紧状态下加工。

17. 使用快速进给时,应注意工作台面情况,以免发生事故。

18. 装卸大件等较重部件需多人搬运时,动作要协调,应注意安全,以免发生事故。

19. 每次开机后,必须首先进行回机床参考点的操作。

20. 装卸工作、测量对刀、紧固心轴螺母及清扫设备时,必须停车进行。

21. 部件必须夹紧,垫块必须垫平,以免松动发生事故。

22. 程序第一次运行时,必须用手轮试切,避免造成撞刀,撞坏机床。

23. 严禁使用钝的刀具和过大的吃刀深度、进刀速度进行加工。

24. 开车时不得用手摸加工面和刀具,在清除木屑时,应用刷子,不得用嘴吹或用棉纱擦。

25. 操作者在工作中不许离开工作岗位,如需离开时无论时间长短,都应停车,以免发生事故。

26. 在手动方式下操作机床,要防止主轴和刀具与设备或夹具相撞。操作设备电脑时,只允许单人操作,其他人不得触摸按键。

27. 运行程序自动加工前,必须进行设备空运行。空运行时必须将 Z 向提高一个安全高度。

28. 自动加工中出现紧急情况时,立即按下复位或急停按钮。当显示屏出现报警号,要先查明报警原因,采取相应措施,取消报警后,再进行操作。

29. 设备开动前必须关好机床防护门。机床开动时不得随意打开防护门。

三、工作后认真做到

1. 将机械操作阀门、开关等扳到非工作位置上。
2. 将设备停止运转,切断电源、气源。
3. 清除铁屑,清扫工作现场,认真擦净机床。导轨面、转动及滑动面、定位基准面、工作台面等处加油保养。严禁使用带有木屑的脏棉纱揩擦机床,以免拉伤机床导轨面。
4. 认真将加工中发现的机床问题,填到交接班记录本上,做好交班工作。

编著者

2020 年 9 月

目　　录

模块一　数控首饰雕刻入门 ·· (1)

　　任务一　认识数控首饰雕刻 ·· (3)

　　任务二　认识数控雕刻机 ·· (14)

模块二　各题材数控首饰的设计及雕刻 ·· (34)

　　任务三　字母款数控首饰的设计和雕刻 ·· (37)

　　任务四　徽章款数控首饰的设计和雕刻 ·· (56)

　　任务五　卡通造型数控首饰的设计和雕刻 ··· (76)

　　任务六　花草题材数控首饰的设计和雕刻 ··· (97)

　　任务七　飞禽题材数控首饰的设计和雕刻 ·· (119)

　　任务八　走兽类题材数控首饰的设计和雕刻 ····································· (140)

　　任务九　龙、鱼题材数控首饰的设计和雕刻 ····································· (160)

　　任务十　山水题材数控首饰的设计和雕刻 ·· (178)

　　任务十一　四轴浮雕首饰的设计和雕刻——戒指 ······························· (193)

　　任务十二　五轴浮雕首饰的设计和雕刻——葫芦 ······························· (205)

主要参考文献 ·· (214)

附　录 ·· (215)

　　附录一　常用快捷键 ··· (215)

　　附录二　虚拟浮雕界面快捷键 ·· (217)

　　附录三　虚拟雕塑常用功能快捷键 ·· (218)

　　附录四　知识测评答案 ·· (219)

模块一 数控首饰雕刻入门

简 介

在目前的珠宝首饰市场上，利用数控设备雕刻制作的珠宝首饰占的比例越来越高。在本模块中，学生将认识数控雕刻与传统雕刻的差异，掌握传统浮雕和数控首饰雕刻的步骤与流程，并在教师的指导下亲手完成一件已建模的数控雕刻产品。

知识目标

1. 传统浮雕的特点和步骤
2. CNC 数控雕刻的概念和流程
3. 数控雕刻机的基本结构
4. 数控雕刻机的操作方法
5. 数控雕刻机的日常保养

能力目标

1. 能够理解传统浮雕和数控首饰雕刻的特点
2. 能够掌握传统浮雕和数控首饰雕刻的步骤与流程
3. 能够按规程正确打开、操作数控雕刻机进行已建模的产品雕刻
4. 能够正确保养数控雕刻机

素质目标

1. 工作严谨、细致、认真、责任心强
2. 有耐心，有一定的独立工作能力
3. 有美学和艺术基础，有立体构成及浮雕的概念

任务安排

任务一　认识数控雕刻
任务二　认识数控雕刻机，雕刻一件简单产品

任务一
认识数控首饰雕刻

一、任务单

学习/工作　任务单			
部门/岗位	某珠宝公司雕刻部	学习/工作人员	
下达日期		完成时限	
任务名称	区分传统手工雕刻和数控雕刻作品		
任务描述	对给定产品区分加工工艺,是属于传统浮雕还是数控雕刻;描述该产品的特点		
完成内容和要求	按要求完成课前思考;观察产品并总结、描述工艺特点		
所需材料、设备、工具、参考资料和信息资源	设备:数控雕刻机、电脑、雕刻软件(如精雕软件) 材料:不同工艺特点的雕刻产品		
完成过程记录			
遇到问题和疑难点			
完成情况/测评得分	综合评价:□优　□良　□中　□合格　□不合格		
总结与心得			
任务完成时间		负责人签字	

二、预期效果

通过本任务的实施,学生将在完成任务的过程中,掌握以下内容,并具备以下能力:
1. 能够理解传统浮雕和数控首饰雕刻的特点。
2. 能够掌握传统浮雕和数控首饰雕刻的步骤与流程。
3. 基本能够区分雕刻类首饰产品的加工工艺。

三、课前思考

请课前查阅资料并思考:
1. 什么是浮雕?传统浮雕有哪些特点?步骤如何?
2. 什么是数控雕刻?数控雕刻有哪些特点?流程如何?
(要求:至少查阅3份资料,要求内容正确、有自己的观点)

查阅资料列表:
示例如下:
[1] 林海,2014. 网店客服. 北京:清华大学出版社.

四、知识准备

在传统的珠宝行业中,金银首饰上往往錾刻了各种精美的图案。在玉器中,玉石经加工雕琢成为精美的工艺品。中国历代的珠宝制作大师们借鉴绘画、雕刻、工艺美术,创作了大量工艺性、装饰性极强的中国传统珠宝首饰,有很高的艺术造诣,反映了中国劳动人民的聪明才智。

在各类珠宝首饰制作工艺中,浮雕是人们常用的,下面先简单认识一下浮雕。

(一)传统浮雕介绍

1. 阴刻、阳刻

阴刻指在玉器的表面琢磨出下凹的线段,有单阴刻、双阴刻等。这种技法大约在新石器晚期就已出现,主要讲究的是用力均匀、线条刻画深浅一致(图1-1、图1-2)。阳刻指玉雕表面凸起的图案或线条(图1-3)。

图1-1 玉蝉,西周,甘肃省博物馆藏(可见阴刻线)

图1-2 鹦鹉形玉佩,西周,陕西省历史博物馆藏(可见双阴刻线)

图1-3 神人兽面形玉佩,石家河文化,中国社会科学院考古研究所藏(可见凸起的阳线花纹)

2. 减地凸雕

减地凸雕也称剔地浮雕法,属于阳刻的一种技法。先将玉雕的纹饰大致凸起,然后再将四周的地子减低,将要塑造的形象雕刻出来,图像造型浮凸于材料表面,最后再精琢纹饰和细磨地子(图1-4、图1-5)。

图1-4 玉环,战国,长武县博物馆藏(可见浅浮雕卷云纹)

图1-5 玉璧,汉代,陕西省历史博物馆藏(可见浮雕乳钉纹)

3. 浮雕

浮雕有浅浮雕和高浮雕两种。浅浮雕是利用减地的方式，挖磨掉纹线或图像外廓的地子，造成线廓凸起的视觉效果，如良渚文化兽面纹玉琮，兽面眼、口、鼻即用浅浮雕（图1-6）。高浮雕则挖削底面，形成立体图形（图1-7、图1-8）。

图1-6 良渚文化兽面纹玉琮

图1-7 神人兽面形玉佩，石家河文化，宝鸡市周原博物馆藏（可见浮雕的橄榄形眼和蒜头形鼻）

高浮雕适合在高部位、远距离观看；浅浮雕适合在低部位近距离观看。因此在设计上要求前者线条粗放，轮廓清晰，讲究立体的艺术效果；后者细致耐看，讲究丰富的艺术韵味。

在设计上，浮雕的构图要满，以实实在在的形象占据画面空间。在层次上要丰富，要打破平面、单调的感觉，要懂得利用重叠，在人的视觉上产生节奏感、韵律感和丰富的视觉空间效果（图1-9）。

图1-8 龙图形玉佩，战国
（可见浮雕谷纹）

图1-9 四灵纹玉铺首，西汉，兴平市茂陵博物馆藏（融浅浮雕、高浮雕、阴刻、钻孔等技法）

(二)数控 CNC 雕刻介绍

近十几年来,由于计算机技术、信息技术、自动化技术的发展,计算机数控雕刻技术(简称 CNC 雕刻技术)和计算机数控雕刻机(简称 CNC 雕刻机)在珠宝首饰行业中逐步得到了应用。

CNC 雕刻技术是传统雕刻技术和现代数控技术结合的产物。CNC 雕刻机集计算机辅助设计技术(CAD 技术)、计算机辅助制造技术(CAM 技术)、数控技术(NC 技术)、精密制造技术于一体,运用 CNC 雕刻技术和使用 CNC 雕刻机已经成为雕刻行业的新潮流。

CNC 雕刻来源于手工雕刻和传统数控加工,它与二者既有相同点又存在着一些区别。CNC 雕刻在弥补手工雕刻和传统数控加工的不足之处的同时,尽量吸取二者的优点,融会贯通,逐渐形成 CNC 雕刻的特点。

1. CNC 雕刻的加工对象

CNC 雕刻的主要加工对象为文字、图案、纹理、小型复杂曲面、薄壁件、小型精密零件、非规则的艺术浮雕曲面等,这些加工对象的特点是尺寸小、形态复杂、成品要求精细。

2. CNC 雕刻加工的工艺特点

CNC 雕刻只能且必须使用小刀具加工。

3. CNC 雕刻产品的尺寸精度高,产品一致性好

CNC 雕刻产品的尺寸精度高,同一产品之间一致性好,这对于模具雕刻和有精密尺寸要求的批量产品加工来说具有重要的意义。另外,控制系统根据加工指令,控制 CNC 雕刻机的刀具运动,完成生产制作任务,极大地降低了劳动强度。

4. CNC 雕刻加工是高速铣削加工

与传统的数控加工比较,数控雕刻是高速铣削加工。高速铣削加工是一种高转速、小进给和快走刀的加工方式,被形象地称为"少吃快跑"。

数控雕刻首饰设计作品如图 1-10 至图 1-22 所示。

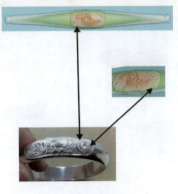

图1-10 首饰设计案例

（设计者：许文彬）

图1-11 银饰工艺品设计加工件

（设计者：许文彬）

图1-12 龙头嘴设计加工件

（设计者：许文彬）

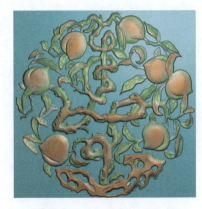

图1-13 寿字纹饰设计

（设计者：许文彬）

图1-14 富贵鸳鸯图设计

（设计者：许文彬）

图1-15 广州私家花园童趣设计

（设计者：许文彬）

图1-16 海棠花图设计（设计者：许文彬）

图1-17 木雕屏风设计（设计者：许文彬）

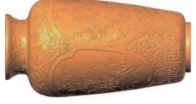
图1-18 四季平安花瓶设计
（设计者：许文彬）

图1-19 龙凤银盘图案设计
（设计者：许文彬）

图1-20 鹦鹉图钛合金板样件（设计者：许文彬）

图1-21 侍女飞天图设计　　　　　图1-22 百骏图局部设计

（设计者：许文彬）　　　　　　　（设计者：许文彬）

（三）CNC雕刻流程

CNC雕刻过程中需要CAD技术、CAM技术、NC技术、CNC雕刻机和技术人员的技术等众多技术和设备支持。图1-23是一个典型的CNC雕刻系统的流程图，供读者参考。

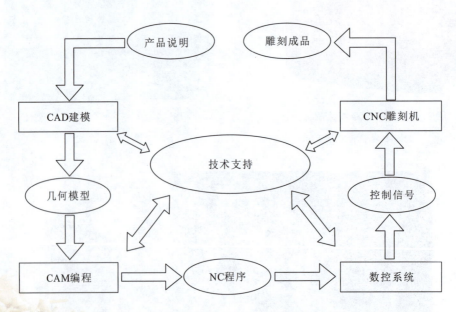

图1-23　CNC雕刻流程

(四)CNC 雕刻的基本要素

1. 具备专业的雕刻 CAD 软件

CNC 雕刻将雕刻这一饱含着人类高智能和高技能的工匠型行业上升为工业化专业生产,实现这一技术最基本的要求是要具备专业的雕刻 CAD 软件。

2. 雕刻 CAM 功能完备

要使 CNC 雕刻能适应雕刻机自身的结构特点、雕刻产品的形态特征和加工工艺要求,需要雕刻 CAM 具备完备的功能,如果没有完备的功能,CNC 雕刻机工作效率和加工质量不会比一个熟练的手工工人高多少。

(五)精雕 CNC 雕刻系统与雕刻 CAD/CAM 软件

目前市场上常见的三维建模软件有 Rhino、Zbrush、Powermill、SolidWorks 等,这些软件各有特点。本教材选用市面上比较流行的 Artform3.5 软件来进行操作和示范。选用这款软件的原因是软件界面简单、灵活、易学,在市场上使用率大,产品效果直观,同时软件可以在相关论坛上获得免费试用版,方便学生训练和操作。

五、任务实施

1. 认真学习以上有关传统浮雕和数控雕刻的知识。观察市场上能见到的雕刻类首饰,分析判断哪些是传统手工,哪些是数控雕刻,原因是什么。请描述该产品的特点,并描述两种工艺的特点。

2. 思考:设计制作数控首饰类产品,应把数控首饰雕刻技术应用在哪些方面呢?请举例说明。

六、知识测评

(一)是非题(每题1分,共4分)

1. 高浮雕适合在高部位、远距离观看;浅浮雕和通雕适合在低部位近距离观看。(   )
2. 浮雕的层次要丰富,要懂得利用重叠,在人的视觉上产生节奏感、韵律感和丰富的视觉空间效果。(   )
3. CNC雕刻技术是传统雕刻技术和现代数控技术结合的产物。(   )
4. CNC雕刻的主要加工对象为文字、图案、纹理、小型复杂曲面、薄壁件、小型精密零件、非规则的艺术浮雕曲面等,这些加工对象的特点是尺寸大、形态简单、成品要求精细。(   )

(二)单选题(每题1分,共4分)

1. CAD技术指(   )。
  A. 计算机辅助设计技术   B. 计算机辅助设计制造
  C. 计算机辅助设计雕刻   D. 计算机数控雕刻技术
2. CAM技术指(   )。
  A. 计算机辅助设计技术   B. 计算机辅助制造技术
  C. 计算机辅助设计雕刻   D. 计算机数控雕刻技术
3. CNC技术指(   )。
  A. 计算机辅助设计技术   B. 计算机辅助设计制造
  C. 计算机辅助设计雕刻   D. 计算机数控雕刻技术
4. CNC雕刻的特点是(   )。
  A. 加工对象尺寸大、形态简单、成品要求精细
  B. CNC雕刻只能且必须使用小刀具加工
  C. 产品的尺寸精度低,同一产品之间一致性差
  D. 是低速铣削加工

七、学习评价

序号	项目	评价指标	评价要求	得分 自评 30%	团队评 30%	教师评 40%
1	课前思考（10分）	查阅资料，认真分析（10分）	充分查阅资料，认真进行分析，提出自己的观点和看法			
2	任务实施（60分）	（1）观察并判断给定的玉石雕刻产品工艺（20分）	能根据要求严格、认真完成，判断正确			
		（2）能描述该产品的特点（20分）	认真分析、描述产品的工艺特点，内容清晰、语言流畅			
		（3）能描述产品的工艺加工步骤和流程（20分）	能理解产品工艺的加工步骤和流程，并清晰描述			
3	知识测评（10分）	完成知识测评（10分）	根据答题情况评分			
4	职业素养（10分）	职业素养（10分）	工作严谨、细致、认真、责任心强；有耐心，有一定独立工作能力；有美学和艺术基础，有立体构成及浮雕的概念			
5	职业纪律（10分）	职业纪律（10分）	不迟到、不早退、不玩手机、不做其他无关的事，有团队意识和集体荣誉感			
			合计			

（以上测评表仅供参考，如果您的测评分数较低，请及时向教师或同行请教。）

八、知识应用

运用所学知识，观察市场上的雕刻类首饰产品并判断工艺。

任务二
认识数控雕刻机

一、任务单

学习/工作 任务单			
部门/岗位	某珠宝公司雕刻部	学习/工作人员	
下达日期		完成时限	
任务名称	认识数控雕刻机,开机雕刻一件简单的产品		
任务描述	认识数控雕刻机,观察教师示范,按规程操作和使用数控雕刻机,开机雕刻一件简单的产品,并在雕刻结束后做好设备的保养工作		
完成内容和要求	1. 按要求完成课前思考 2. 认识数控雕刻机的结构,掌握数控雕刻机的操作步骤 3. 开机雕刻一个已有的文件 4. 在雕刻结束后做好设备的保养工作		
所需材料、设备、工具、参考资料和信息资源	设备:数控雕刻机 资料:一个已有的数控文件 材料:待雕刻的材料		
完成过程记录			
遇到问题和疑难点			
完成情况/测评得分	综合评价:□优　□良　□中　□合格　□不合格		
总结与心得			
任务完成时间		负责人签字	

二、预期效果

通过本任务的实施,学生将在完成任务的过程中,掌握以下内容,并具备以下能力:
1. 能够识别数控雕刻机的结构。
2. 能够按正确的操作步骤开机雕刻一个已有的文件。
3. 能够在雕刻结束后做好设备的保养工作。

三、课前思考

课前查阅资料并思考:
1. 珠宝数控雕刻机有哪些安全注意事项?
2. 如何保养数控雕刻机?

查阅资料列表:

四、知识准备

(一)认识数控雕刻机(图2-1、图2-2)

以某公司生产的某款数控雕刻机为例,介绍该设备的基本性能和操作要求:

(1)机床工作电压380V,使用三根火线一根地线,总功率6kW,机床接线严禁带电拔插。

(2)气源压力0.55MPa,正压密封压力0.15MPa,需干燥无污染的压缩空气。

(3)机床总质量3600kg,最大工作负重200kg。

(4)机床XYZ工作行程400mm×400mm×260mm。

(5)主轴转速3000~28 000r/mim,主轴使用ISO20刀柄,刀库容量7把。

(6)制冷机使用主轴油,1L 主轴油混合 18L 纯净水,制冷液一年换一次。制冷模式选用室温同调,温差±2℃,要求每周清理风机过滤网。

(7)润滑泵使用 VG220 导轨油,要求每周观察油位,润滑泵一年清理一次过滤网。

(8)冷却油箱使用 VG7 机械油(7 号白油),要求每周清理过滤网。

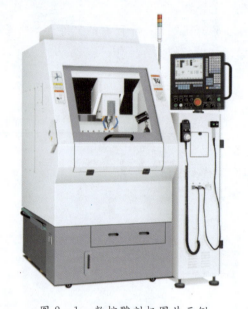

图 2-1 数控雕刻机图片示例

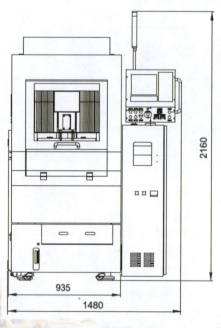

前视图

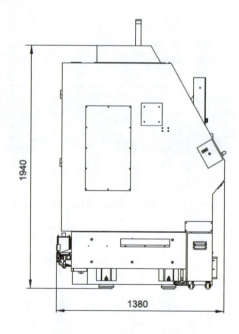

左视图

(单位:mm)

图 2-2 安装尺寸图

(二)操作前注意事项

1. 确保机器硬件连接正常

数控设备一般分为硬件系统和软件操作控制系统,因此首先我们要确保设备硬件之间连接正常。这些硬件主要有加工工作台、设备操作控制柜、气源装置、主轴制冷机、设备油箱等(图2-3)。

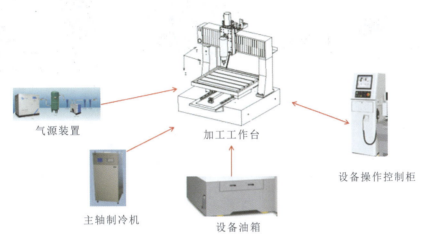

图2-3 数控雕刻机硬件连接图

2. 确认电源电压正常

数控设备都是由各个机械和电子软、硬部件构成,注意电源接触是否正常连接,由专业电工测量电源电压是否正常(由于设备的不同,常见供电电压有220V和380V等)(图2-4、图2-5)。

图2-4 不同规格电源插头插座

图2-5 电工万用表

3. 确认工装治具安装牢固

在使用前确认工装治具安装牢固,刀具、磨头固定牢固,避免在加工过程中造成加工失败、损坏,甚至人身伤害。

常用工装治具如图2-6所示。

    台钳   卡盘   压板以及固定螺丝、螺帽

图2-6 常用工装治具

4. 安装刀具、磨头时避免刀具被磕碰,避免人员划伤

刀具/磨头安装到刀柄上时一定要注意避免磕碰,有些刀具很锋利,不能用手触摸以免造成不必要的伤害。装卸刀具时一定要小心,避免造成换刀时划伤手或者损坏刀具(图2-7至图2-9)。

5. 其他人员使用操作注意事项

(1)操作人员在操作设备前一定要保持头脑清醒,不得倚靠设备或在设备周围进行其他活动。

(2)操作人员在使用设备时请先将长发盘起或取下配饰、围巾,以免在加工时造成不必要伤害。

(3)加工时应关闭设备门锁,以免碎屑飞出造成不必要伤害。

(三)操作前准备工作

操作前准备好工装治具(台钳、黏合剂、切削液、卡头、压冒、刀具等)(图2-10),以及加工材料和设计图稿、加工程序文件。

图2-7 常见刀具

图2-8 常见磨头　　　　　　图2-9 装好刀具刀柄

台钳　　切削液　黏合剂　代木　卡头　刀具　加工材料

图2-10 数控雕刻机操作前需准备的工具和材料

(四)基本操作和认识各类界面

1. 电源通/断

可以通过机器侧面凸轮开关进行通电和断电,在操作面板上用钥匙对设备进行开关(图2-11)。

机床凸轮开关　　　　　　　　　　　　　　　　　钥匙开关

图 2-11　电源通/断示意

2. 软件登录和退出

可以在操作前打开操作界面尝试登录和退出(图 2-12)。

软件登录界面　　　　　软件退出界面　　　　　电脑关闭电源

图 2-12　软件操作示意

3. 操作设备面板介绍

常用的操作设备包括连接于 CNC 上的设置和显示单元,机床 OP 面板、MCP 面板和外部输入/输出设备等(图 2-13)。

在操作面板上,有 OP 面板和 MCP 面板两个区域。OP 是"Operation Panel"的缩写,意思是"操作面板"。MCP 是"Machine Control Panel"的缩写,意思是"机器控制面板"(图 2-14、图 2-15)。

在 OP 面板上,有各类按键、字母和命令,可以根据需要使用。数字、字母键用于输入数据到输入区域。

在 MCP 面板上,有常用的旋钮,按编号主要的功能为:

认识数控雕刻机 任务二

图2-13 操作面板

OP面板

MCP面板

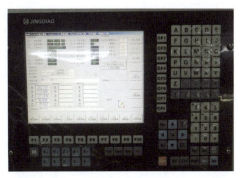

图2-14 OP面板

图2-15 MCP面板

(1)主电源灯开关。
(2)程控启动。
(3)加工暂停。
(4)切削风冷:加工中风冷开关。
(5)切削油冷:加工中油冷开关。
(6)正压密封按键:控制正压气源开关。
(7)机床照明:控制机床照明开关。
(8)急停按钮。
(9)主机电源:开启计算机开关按钮。
(10)主轴倍率:控制主轴转速。
(11)进给倍率:控制进给速度。
(12)定位倍率:控制定位速度。
(13)冲洗泵。

4. 系统界面介绍

在系统界面图形管理中,包括文件管理功能模块、观察功能模块、选择功能模块、编辑功能模块和加工功能模块。每个功能还包括子模块,返回上一级模块点击"退出"按钮(图2-16)。

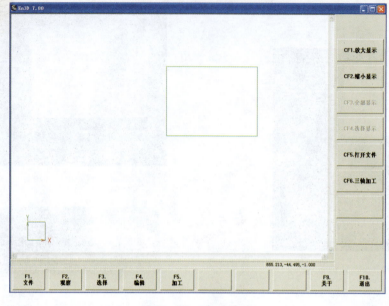

图 2-16 系统界面

5. 图形管理区介绍

图形管理区各按键的功能分别如下图所示（图 2-17、图 2-18）。

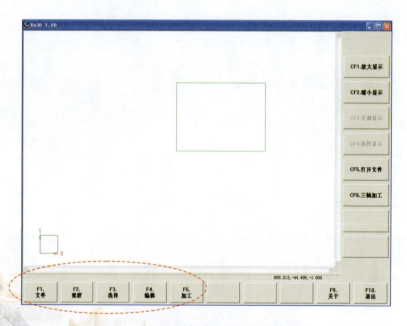

图 2-17 图形管理区按键所在区域

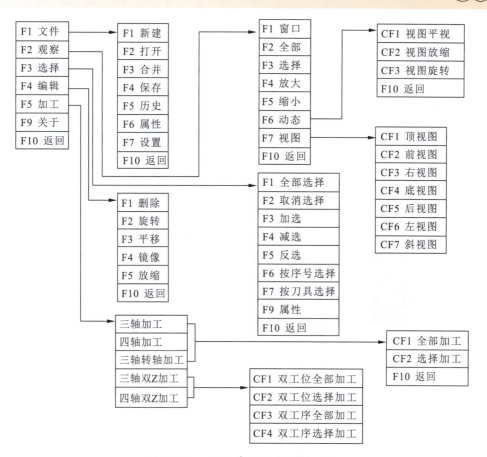

图 2-18 图形管理区各按键功能

6. 打开 eng 文件

打开 eng 文件的操作步骤：点击图 2-19 中的"打开"按钮。

图 2-19 打开 eng 文件

7. 雕刻控制加工界面

在程序界面下打开加工文件，选择好要加工的刀具路径，在加工选项中点击"选择加工"，进入雕刻控制加工界面（图 2-20）。

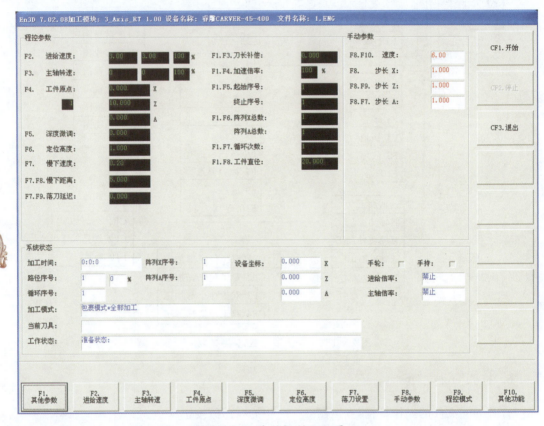

图 2-20　雕刻控制加工界面

图 2-20 界面中相关术语的功能说明如表 2-1 所示。

表 2-1　界面中相关术语的功能说明

名称	功能说明
进给速度	在切削中刀具的移动速度
主轴转速	主轴头即刀具的旋转速度
工件原点	是确定路径文件原点在机床坐标系中的位置
深度微调	调整雕刻的深度

续表 2-1

名称	功能说明
定位高度	加工过程中,完成每单段序号后机头向上,回到 Z 轴"工件原点"以上的高度
慢下速度、慢下距离和落刀延迟	主轴 Z 轴方向变速,以"慢下速度"开始进刀运动,一直到加工深度处;此时机床停止运动"落刀延迟"时间后,按照路径进行切削运动
刀长补偿	用基准刀具设置工件原点。在更换刀具时,将新换刀具与基准刀具的长度差设定为"刀长补偿"值,系统根据"刀长补偿"值来解决刀具长度不等的问题
加速倍率	"加速倍率"决定速度的变化率。加工质量要求比较高的零件时设置小一些,速度的变化会更加柔和;质量要求不高时设置大一些,可以提高加工效率
起始、终止序号	路径文件的起始序号和终止序号
阵列总数	阵列加工是阵列当前路径文件,此功能可以大大减少路径文件的数据量
循环次数	机床按照循环参数设定的次数进行加工
加工时间	机床进行加工的时间
路径序号	当前加工的路径序号
循环序号	循环加工时当前的循环加工次数
加工模式	调入模块的加工模式,包括:全部加工、选择加工以及包裹模式等
当前刀具	当前路径使用的刀具
工作状态	包括:就绪、暂停、换刀等状态
阵列 X 序号	阵列加工时 X 方向的序号
阵列 A 序号	阵列加工时 A 方向的序号
设备坐标	设备当前坐标
手轮	手轮是否有效
进给倍率	进给倍率开关是否有效
主轴倍率	主轴倍率开关是否有效

(五)设备操作使用流程

1. 分中

"分中"功能可以辅助操作者快速完成寻找矩形中心或圆形中心。以矩形分中为例点击"分中"按钮,弹出图 2-21 所示的对话框。

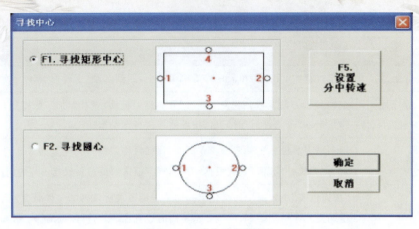

图 2-21 "分中"对话框

寻找矩形中心操作步骤：

(1)对话框中选择"寻找矩形中心"选项,单击【确定】按钮,弹出图 2-22 所示的引导对话框。

图 2-22 引导对话框

(2)点击图中的【下一步】按钮,对话框消失,此时移动机床到矩形的第一边,键入"空格键"表示该点已确定,同时弹出对话框(图 2-23)。

图 2-23 对话框

(3)图中显示"第一边 X 坐标"已经确定。点击【下一步】按钮,对话框消失,移动机床到矩形的第二边,键入"空格键"表示该点已确定,同时弹出对话框(图2-24)。

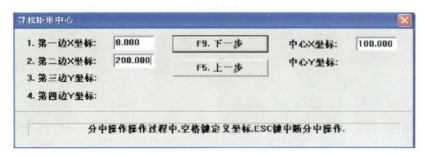

图 2-24 对话框

(4)点击【下一步】按钮继续寻找下一点,点击【上一步】按钮重新确定上一点。当确定完第四条边后,弹出图中所示对话框(图2-25)。

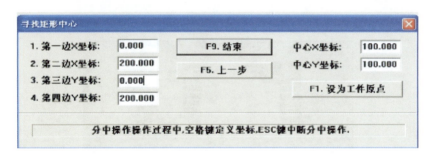

图 2-25 对话框

(5)在图 2-25 对话框的右上角显示本次寻找矩形中心的结果。点击【设为工件原点】按钮,系统自动将本次"分中"结果作为工件原点 XY 值。

2. 打开文件

可通过以下步骤打开文件:

点击电脑上 EN3D7 图标→软件界面→返回→文件→新建→打开文件→选择文件类型/(文件名).eng/确定(图2-26)。

EN3D7　　　　软件界面　　　　打开文件　　　　打开加工文件

图 2-26 打开文件

3. 选择路径

步骤为：返回→选择→全部选中（或者选择加工）(图2-27)。

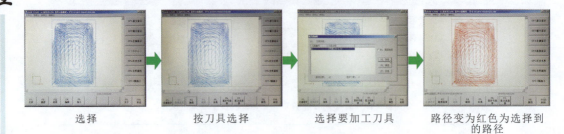

| 选择 | 按刀具选择 | 选择要加工刀具 | 路径变为红色为选择到的路径 |

图2-27 选择路径

4. 进入加工界面

步骤为：查看文件属性（看加工深度）→确定→3轴加工→全部加工（或者选择加工）(图2-28)。

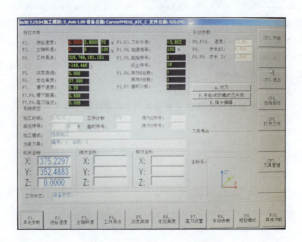

图2-28 进入加工界面

5. 找X、Y、Z方向原点

步骤为：刀具管理→换刀控制→T1→换刀→确定。把刀尖移动到材料表面→按工件原点→设为当前Z→确定。

可以通过材料摆放和软件编程起刀位置来进行起刀位置的设置。对于一般工件加工，设置在工件左下角等位置即可；但对于一些已有标准位置加工，一般选择用特殊的方式寻找材料中心等方式进行。

6. 设置基准刀具长度

步骤为：T1号刀具→按对刀仪对刀→运动到对刀位→用手轮移动刀具到对刀仪表面

（不要碰到对刀仪）→设为当前Z坐标→对刀→定义对刀基准（第一把刀定义基准，以后的刀修正）。

基准刀具一般指首把接触加工件表面刀具。将此刀具在触碰式对刀仪上设置为基准刀具。工件需要多把刀加工的情况下，刀库必须有多把刀柄装载刀具磨头，将其他刀具一次调出，在对刀仪上进行触碰对刀，设置刀具长度，注意不要将其他不是首把刀具的设为基准刀具。

7. 设置其他刀具长度

步骤为：刀具管理→换刀控制→T2→换刀→关闭刀具管理窗口。对刀仪对刀→运动到对刀位→用手轮移动刀具到对刀仪表面→设为当前Z坐标→对刀→设置刀具长度。

依次将刀库里的刀具都设置一遍，记住每把刀都需要移动到对刀仪表面，设好对刀Z坐标，否则由于刀具长短不一，对刀仪会撞坏（图2-29）。

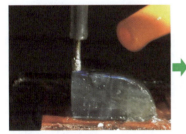
通过首轮移动找X、Y、Z原点
（X、Y也可通过分中方式找出）

获取找到的原点

通过对刀仪的使用，确定首把刀为基准刀长，其他刀具进行对刀修正补偿

图2-29 设置刀具长度

8. 手轮试切

步骤为：手轮试切开启→手轮打到X(Y)-100→按启动→手轮往正方向摇走程序，不摇手轮，程序加工停止（图2-30）。

9. 自动加工

各项工作准备好后，打开试切功能启动加工，观察加工状态是否正常，让设备自行加工并打开切削液（保证加工降温润滑，减少磨损）。

步骤为：试切没问题→暂停→确定→手轮试切关闭→启动→自动加工。

图2-30 通过摇首轮的方式试切加工

10. 关闭机床

步骤为：加工完毕→确定→退出→关闭软件→关闭电脑→关闭机床总电源（图 2-31）。

（六）机床使用时重点注意事项

(1) 每次开机后检查制冷机工作状况及油位，检查润滑泵工作状况及油位，检查气压表压力及压缩空气干燥度。

(2) 开机后预热主轴（其他功能→主轴预热），预热主轴时一定要装刀柄。

(3) 机床工作或清理机床时，正压密封一定要保持开启状态。

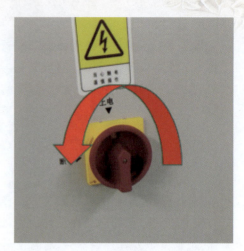

图 2-31 关闭设备凸轮开关

(4) 对刀仪对刀时，每把刀一定要先移到对刀仪表面，设好对刀 Z 坐标，再对刀。

(5) 加工前一定要设好基准刀，哪把刀拉平材料设为 Z 方向原点的，哪把刀就为基准刀。

(6) 分中时，如使用分中棒，必须在分中功能里设置分中转速（分中→设置分中转速→300～500）。

(7) 加工时一定要手轮试切，防止扎刀。

(8) 注意刀具编号与刀具要对应（在编辑环境下修改 T 指令编辑）。

(9) 加工结束后先清理切削液碎屑，再将工件取下。

(10) 加工完成后记得清理设备，避免加工碎屑对设备使用造成不必要影响。

(11) 关闭设备前先将卡头压冒卸下，记得清理卡头压冒内碎屑残渣，避免下次使用时碎屑残渣难以清理，影响加工精度和设备主轴使用精度。

(12) 将设备回到设备原点后再进行机床软件关闭，关闭设备并断电。

（七）机床日常保养和维护

1. 机床每天保养事项

(1) 检查制冷机工作状况及制冷机油量。

(2) 检查润滑泵工作状况及导轨油油量。

(3) 检查压缩空气，压力是否正常。

(4) 检查冷却油箱工作状况及冷却油油量。

(5) 检查机床 X、Y、Z 三轴运动情况。

(6) 检查刀库工作状况，换刀是否正常。

(7)检查主轴工作状况。
(8)每天加工前机床要预热。
(9)每次装刀时,需清理卡头、压帽、刀柄。
(10)每天加工结束后,需及时清理台面废屑。
(11)清理机床时,禁止用气枪清理主轴和刀库。
(12)主轴和刀库清理时,需用棉布擦拭。

2. 机床每周保养事项

(1)清理制冷机过滤网。
(2)清理控制柜过滤网。
(3)清理冷却油箱过滤网。

3. 机床每季度保养事项

(1)重新调节机床台面水平。
(2)清理X、Y、Z三轴导轨丝杠。
(3)手动加导轨油,磨合机床。

4. 机床每年保养事项

(1)更换主轴油。
(2)清理润滑泵。
(3)清理冷却油箱。

五、任务实施

1. 请认真学习以上有关数控雕刻机的知识,观看教师操作示范,正确操作和使用数控雕刻机,雕刻一个已有的数据。

如遇疑难问题,请及时记录并请教老师。

思考:为什么要进行手轮试切?

六、知识测评

(一)是非题

1. 数控设备都是由各种机械和电子软硬件构成,要注意电源接触是否正常连接,由操作人员测量电源电压是否正常。( )
2. 数控雕刻机在使用前要确认工装治具安装牢固,刀头、磨头固定牢固,避免在加工过程中造成加工失败。( )
3. 数控雕刻机在加工时应关闭设备门锁,以免碎屑飞出造成不必要的伤害。( )
4. 在数控雕刻的术语中,"进给速度"是指切削中刀具的移动速度。( )
5. 在数控雕刻的术语中,"主轴转速"是指主轴头的移动速度。( )

(二)单选题

1. 在数控雕刻机的保养上,润滑泵要求( )观察油位。
   A. 每天　　　　B. 每周　　　　C. 每月　　　　D. 每年
2. 在数控雕刻机的保养上,冷却邮箱过滤网要求( )清理。
   A. 每天　　　　B. 每周　　　　C. 每月　　　　D. 每年
3. 在数控雕刻机操作面板上,有 OP 面板和 MCP 面板两个区域,其中 OP 面板是指( )。
   A. 操作面板　　B. 机器控制面板　　C. 雕刻面板　　D. 运行面板
4. 在数控雕刻机操作面板上,有 OP 面板和 MCP 面板两个区域,其中 MCP 面板是指( )。
   A. 操作面板　　B. 机器控制面板　　C. 雕刻面板　　D. 运行面板
5. 在操作数控雕刻机时,( )功能可以辅助操作者快速完成寻找矩形中心或圆形中心。
   A. 居中　　　　B. 中心　　　　C. 分中　　　　D. 矩形中心

七、学习评价

序号	项目	评价指标	评价要求	得分 自评 30%	团队评 30%	教师评 40%
1	课前思考（10分）	查阅资料，认真分析（10分）	充分查阅资料，认真进行分析，提出自己的观点和看法			
2	任务实施（70分）	（1）认识数控雕刻机（10分）	能根据要求严格、认真完成，判断正确			
		（2）能正确开机，雕刻一个数控产品（40分）	能正确开机、正确操作，产品雕刻效果好			
		（3）在操作结束后能对设备进行保养（20分）	能做好清洁工作；能完成12步骤的清洁保养工作			
3	职业素养（10分）	职业素养（10分）	工作严谨、细致、认真、责任心强；有耐心，有一定独立工作能力；有美学和艺术基础，有立体构成及浮雕的概念			
4	职业纪律（10分）	职业纪律（10分）	不迟到、不早退、不玩手机、不做其他无关的事，有团队意识和集体荣誉感			
			合计			

（以上测评表仅供参考，如果您的测评分数较低，请及时向教师或同行请教。）

八、知识应用

在网上（如相关论坛等）搜索、下载一些已有的文件数据，思考雕刻步骤，并经教师指导后，尝试进行简单产品的雕刻。

模块二 各题材数控首饰的设计及雕刻

 简　介

在传统首饰的设计制作中,涉及了各类主题,如字母、徽章、卡通、花草、飞禽、走兽、龙鱼、山水、人物等,在本模块中,跟随步骤,观看教学视频,一步一个脚印,学会相关主题的数控首饰产品设计和制作。

 知识目标

掌握字母、徽章、卡通、花草、飞禽、走兽、龙鱼、山水、人物等题材的数控首饰产品设计和雕刻方法。

 能力目标

能够完成字母、徽章、卡通、花草、飞禽、走兽、龙鱼、山水、人物等题材的数控首饰产品设计;并在完成各题材设计的同时,逐渐熟练掌握数控雕刻软件的功能和操作。

 素质目标

1. 工作严谨、细致、认真、责任心强
2. 有耐心,有一定的独立工作能力
3. 有开放性思维,有创意

 任务安排

任务三　字母款数控首饰的设计和雕刻

任务四　徽章款数控首饰的设计和雕刻

任务五　卡通造型数控首饰的设计和雕刻

任务六　花草题材数控首饰的设计和雕刻

任务七　飞禽题材数控首饰的设计和雕刻

任务八　走兽类题材数控首饰的设计和雕刻

任务九　龙、鱼题材数控首饰的设计和雕刻

任务十　山水题材数控首饰的设计和雕刻

任务十一　四轴浮雕首饰的设计和雕刻——戒指

任务十二　五轴浮雕首饰的设计和雕刻——葫芦

任务三 字母款数控首饰的设计和雕刻

一、任务单

学习/工作 任务单	
部门/岗位	某珠宝公司雕刻部	学习/工作人员	
下达日期		完成时限	
任务名称	完成字母款数控首饰的设计和雕刻
任务描述	选择图案,对图案进行分析,描图,分层、填色和各部分的浮雕制作
完成内容和要求	1. 按要求完成课前思考 2. 选择图案,并分析图案特点 3. 对图案按层次描图,要求描图细致、准确无误差、无遗漏 4. 完成分层、填色和各部分的浮雕制作,要求浮雕生动、形象、自然、美观 5. 进入编程界面,对图形进行编程输出
所需材料、设备、工具、参考资料和信息资源	设备:电脑、雕刻软件 资料:各类字母图案
完成过程记录	
遇到问题和疑难点	
完成情况/测评得分	综合评价:□优　□良　□中　□合格　□不合格
总结与心得	
任务完成时间		负责人签字	

二、预期效果

通过本任务的实施,学生将在完成任务的过程中,掌握以下内容,并具备以下能力:
1. 能够按需要选择字母类图案,并分析字母类图案特点。
2. 能够对字母类图案进行按层次描图,达到描图细致、准确无误差、无遗漏。
3. 能够完成字母类图案分层、填色和各部分的浮雕制作,使浮雕生动、形象、自然、美观。
4. 能进入编程界面,对图形进行编程输出。

三、课前思考

观察市场上字母类首饰的造型,分析这类首饰的造型特点,在脑海中能浮现出清晰字母类首饰的三维形象(要求:多观察、多思考)
观察记录:
观察体会:

四、开始学习

传统的饰品制作工艺手段延续了很久,随着时代的发展,借助现代手段,可通过数字化、软件、数控机加工和传统工艺相结合来完成饰品制作。

现在以字母款为例,用数字化的方式进行一次设计制作。

(一)素材选择

选择素材时,尽量找一些简洁明快的图稿,如果是线稿图更好,因为软件的制作方式是以线为基础,要绘制好线稿才能进行浮雕的制作(图3-1)。

图 3-1　线稿图示例

(二)打开文件、处理图片

1. 打开文件、打开图片

打开软件→输入点阵图像→选择 jpg(bmp) 的文件格式→点击"输入",为便于观察,可选择缩略图的形式,选择"缩略图"或"大图标"→选中图片并打开(图 3-2 至图 3-4)。

图 3-2　输入点阵图像

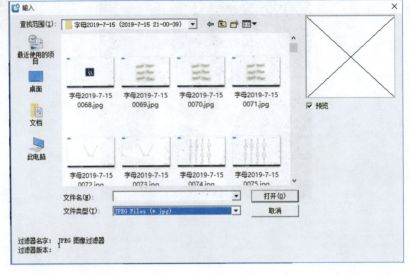

图 3-3 输入图片

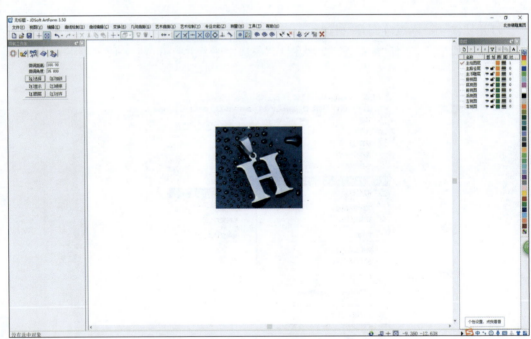

图 3-4 选中图片

(请参考教学视频"字母制作 1")

2. 调整图片

由于原图有一定斜度不便于后期描图制作,所以要对图形进行旋转摆正。绘制两条直线,其中一条直线是正交打开后绘制的横向直线,另一条直线为与原图大概一致斜度的直线,通过测量两直线夹角度数,得知图片大概斜角度数,通过专业功能—图像处理—旋转(输入相应度数)调整图片(图3-5至图3-8)。

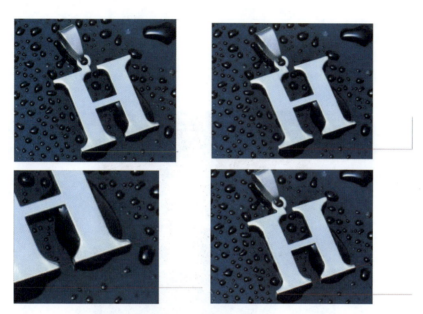

图3-5 绘制两条直线

图3-6 测量两线角度

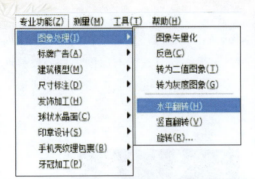 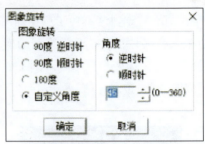

图3-7 自定义旋转角度

图3-8 旋转后的图片

(请参考教学视频"字母制作2")

3. 图形加锁

点击左侧窗口"加锁",在弹出的窗口左侧点击"已选对象加锁",点右键,图片被加锁(图3-9、图3-10)。

(三)描图

1. 通过编辑输入字体

此图可以通过输入文字的方式直接绘制,后续微调字体线段即可。

点击软件左上角"编辑"—"文字编辑"(图3-11、图3-12),将文字进行集合使其转化为线条,便于对线条进行编辑,选择绘制好的字体在"变换"下点击"集合",此时文字由绿色变为红色线条(图3-13)。

字母款数控首饰的设计和雕刻 任务三

图3-9 "加锁"工具

图3-10 "已选对象加锁"工具
（请参考教学视频"字母制作3"）

图3-11 "文字编辑"工具

图3-12 输入文字
（请参考教学视频"字母制作4"）

在"编辑"下点"节点编辑"，对线上节点进行移动修改（图3-14、图3-15）。

在修改好的一边选择适当位置对图形进行绘制直线修剪，对修改好的一半图形进行复制镜像，对镜像后的图形进行"连接"构成区域（图3-16至图3-20）。

图 3-13 "集合"工具　　　　　图 3-14 "节点编辑"工具

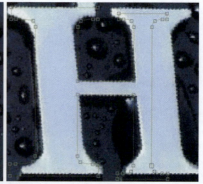

图 3-15　对图形部分节点进行修改

（请参考教学视频"字母制作 5"）

图 3-16　正交打开,绘制直线

（请参考教学视频"字母制作 6"）

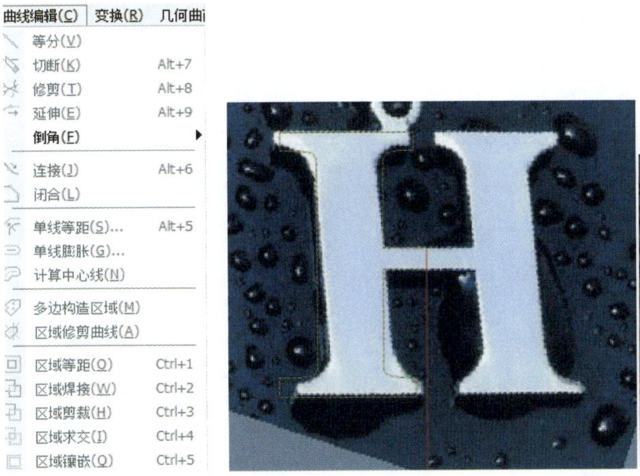

字母款数控首饰的设计和雕刻 任务三

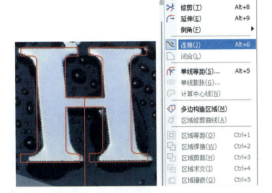

图 3-17 "修剪"不需要部分

（请参考教学视频"字母制作7"）

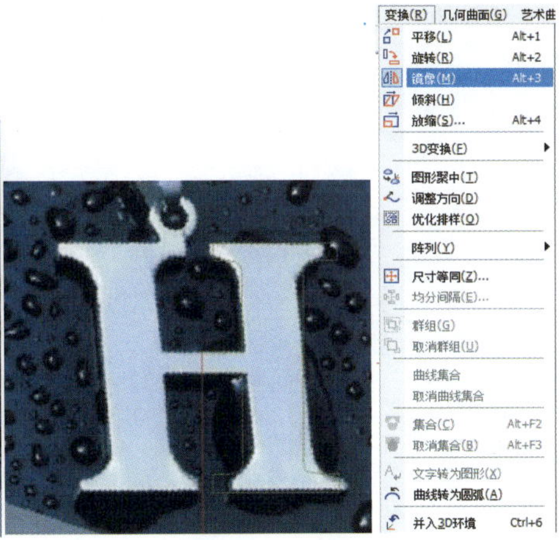

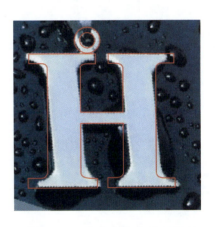

图 3-18 "镜像"保证左右一致

（请参考教学视频"字母制作8"）

图 3-19 "连接"构成区域

（请参考教学视频"字母制作9"）

图 3-20 对其他部分进行绘制

（请参考教学视频"字母制作10"）

2. 进入模型（虚拟雕塑）界面

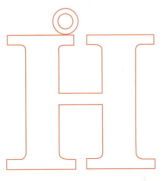

图 3-21 图形线稿

(1)框选绘制线稿,点击"模型"→"新建模型",修改左侧窗口"边界余量"为1.00mm,步长为0.05mm或顶点数为60万左右(图3-21至图3-23)。

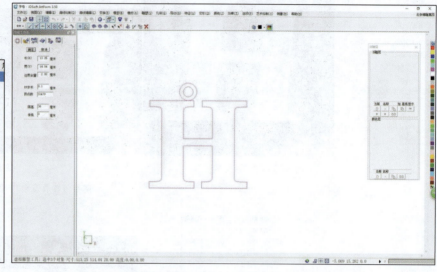

图3-22 "新建模型"工具

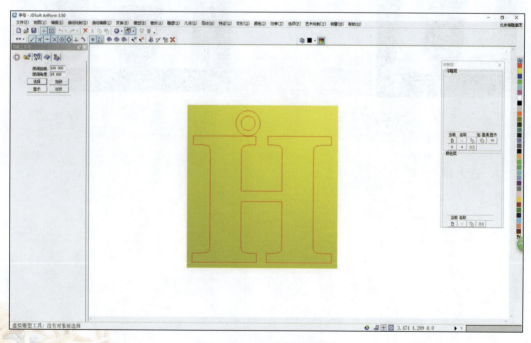

图3-23 生成浮雕图形

(请参考教学视频"字母制作11")

(2)"雕塑"→"区域浮雕"→选"叠加"→确定,可观察该区域已经凸出来了(图3-24、图3-25)。

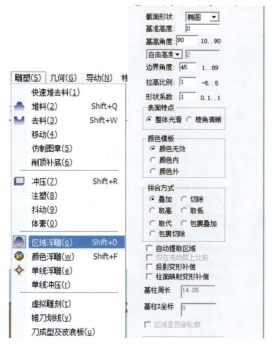

图3-24 "区域浮雕"工具

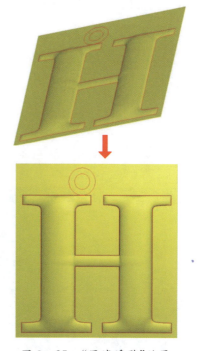

图3-25 "区域浮雕"效果

(请参考教学视频"字母制作12")

(3)填色。"单线填色"→选择颜色→选中线条→"种子填色"(图3-26、图3-27)。

图3-26 "单线填色"效果

图3-27 "种子填色"效果

(请参考教学视频"字母制作13")

（4）图形修整。图形由于是通过软件处理的造型，所以要对部分区域范围进行进一步的"磨光"，仅去高处理，之后对边界进行整体"导动磨光"，对高低关系进行"冲压"（均等冲压），分开图形层次，才能达到完美效果（图3-28至图3-32）。

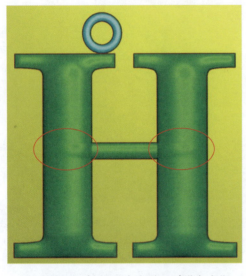

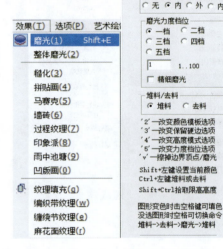

图3-28 部分区域内进一步"磨光"   图3-29 "磨光"工具

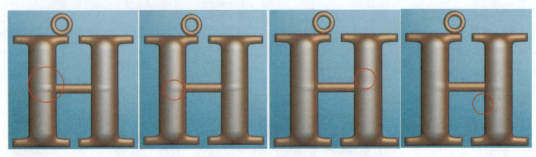

图3-30 "磨光"过程

（请参考教学视频"字母制作14"）

字母款数控首饰的设计和雕刻 任务三

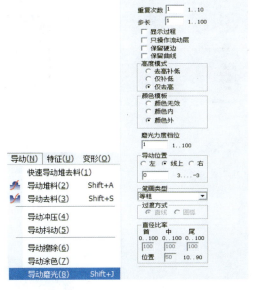

图 3-31 "导动磨光"工具

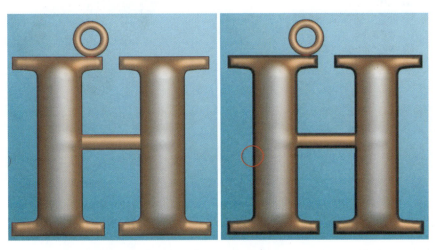

图 3-32 打开导动磨光命令用鼠标左键点击的边界轮廓线

(请参考教学视频"字母制作 15")

通过雕塑下冲压的方式进行均等冲压,选择相对合适的数值,使用笔刷在修改图形位置移动的方式进行冲压(图 3-33、图 3-34)。

3. 进入编程界面,对图形进行编程输出

(1)将处理好的图形在平面下用渲染方式显示,将其降至零平面以下(图 3-35,图 3-36)。

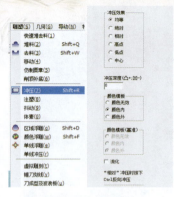

图3-33 "冲压"工具

图3-34 冲压后图形

（请参考教学视频"字母制作16"）

图3-35 "渲染显示"命令

图3-36 渲染显示图形效果

在"图形聚中"命令下，仅对Z轴方向进行"顶部聚中"（图3-37、图3-38）。

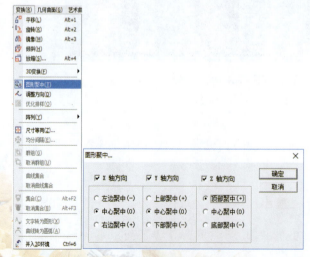

图3-37 "图形聚中"工具

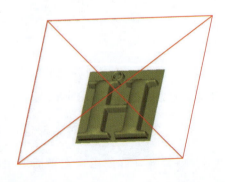

图3-38 Z轴方向图形聚中后的图形

（请参考教学视频"字母制作17"）

（2）进入路径编辑界面对图形进行编程，在"刀具路径"下选择"路径向导"，选择相应的加工方法，设置加工刀具，选择需要加工的刀具和路径间距等参数，之后进行模拟输出（图3-39至图3-43）。

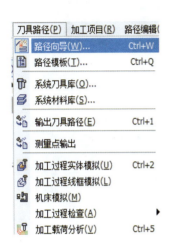

图3-39　"路径向导"工具　　　图3-40　"路径向导"工具　　　图3-41　选择加工面、轮廓线
　　　　　　　　　　　　　　　　　　加工方式选择

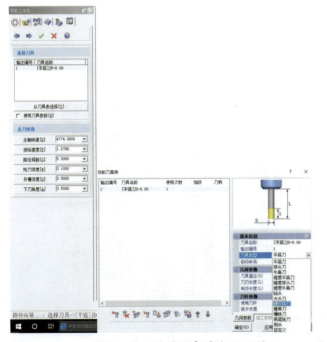
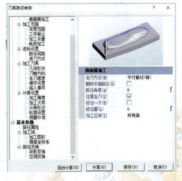

图3-42　设置好相应加工刀具　　　　　　　图3-43　设置走刀方式

参数设置好后点击"计算"(图3-44至图3-49)。

图3-44 计算刀具路径过程

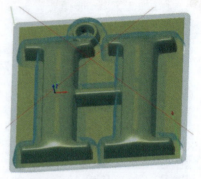

图3-45 刀具路径计算结果

(请参考教学视频"字母制作18")

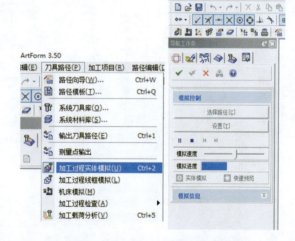

图3-46 加工过程实体模拟

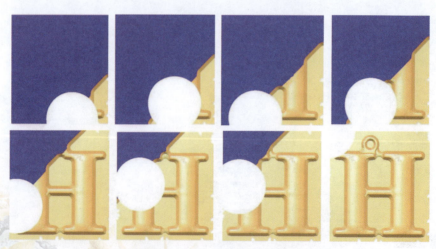

图3-47 加工过程模拟过程

(请参考教学视频"字母制作19")

字母款数控首饰的设计和雕刻 任务三

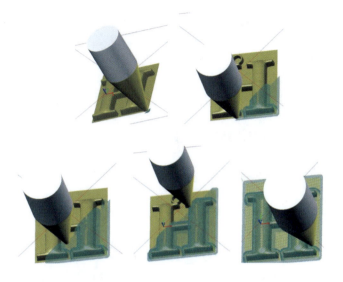

图 3-48 加工过程线框模拟　　　　图 3-49 加工过程线框模拟过程

（请参考教学视频"字母制作 20"）

五、任务实施

1. 认真学习以上有关字母类数控雕刻首饰的设计和制作步骤，并亲自设计一款字母类产品。

2. 思考：您设计的字母图案，应如何加工？

六、知识测评

(一)是非题

1. 在选择素材时,应尽量寻找一些简洁明快的图稿,若是素描稿更好。( )
2. 在测量图片倾斜角度时,可以使用测量"两线角度"命令。( )

(二)单选题

1. 在 Artform3.5 数控雕刻软件中,打开文件或图片,应使用( )命令。
   A. 打开　　　　　B. 导入　　　　　C. 输入　　　　　D. 新建
2. 在 Artform3.5 数控雕刻软件中,打开图片,应使用( )命令。
   A. 打开　　　B. 输入→点阵图像　C. 输入→文本格式　D. 新建
3. 在描图时,对线上节点进行移动修改,可以使用"编辑"下的( )命令。
   A. 文字编辑　　　B. 艺术变形　　　C. 节点编修　　　D. 节点编辑

七、学习评价

序号	项目	评价指标	评价要求	得分		
				自评 30%	团队评 30%	教师评 40%
1	课前思考 (10分)	查阅资料,认真分析 (10分)	充分查阅资料,认真进行分析,提出自己的观点和看法			
2	任务实施 (70分)	(1)能完整、正确地进行描图(10分)	能根据要求严格、认真完成,所描图案细致、准确、无遗漏			
		(2)能对所描图案进行分层、填色和浮雕设计(30分)	能对所描图案进行分层、填色和浮雕设计,要求浮雕准确、自然			
		(3)能对浮雕设计产品进行精修(20分)	能对浮雕作品进行细节处的精修,使其达到生动、美观、自然的效果			
		(4)进入编程界面,对图形进行编程输出(10分)	能进入编程界面,对图形进行编程输出,输出文件可在数控雕刻机上使用			

续表

序号	项目	评价指标	评价要求	得分		
				自评 30%	团队评 30%	教师评 40%
3	职业素养（10分）	职业素养（10分）	工作严谨、细致、认真、责任心强；有耐心，有一定独立工作能力；有开放性的思维，有创意			
4	职业纪律（10分）	职业纪律（10分）	不迟到、不早退、不玩手机、不做其他无关的事，有团队意识和集体荣誉感			
			合计			

（以上测评表仅供参考，如果您的测评分数较低，请及时向教师或同行请教。）

八、知识应用

请在课后，继续完成本课作品的设计，并修整；在教师的指导下，尝试在机器上完成产品的雕刻。

任务四
徽章款数控首饰的设计和雕刻

一、任务单

学习/工作　任务单			
部门/岗位	某珠宝公司雕刻部	学习/工作人员	
下达日期		完成时限	
任务名称	完成徽章款数控首饰的设计和雕刻		
任务描述	选择图案,对图案进行分析,描图,分层、填色和各部分的浮雕制作		
完成内容和要求	1. 按要求完成课前思考 2. 选择图案,并分析图案特点 3. 对图案按层次描图,要求描图细致、准确无误差、无遗漏 4. 完成分层、填色和各部分的浮雕制作,要求浮雕生动、形象、自然、美观 5. 进入编程界面,对图形进行编程输出		
所需材料、设备、工具、参考资料和信息资源	设备:电脑、雕刻软件 资料:各类徽章图案		
完成过程记录			
遇到问题和疑难点			
完成情况/测评得分	综合评价:□优　　□良　　□中　　□合格　　□不合格		
总结与心得			
任务完成时间		负责人签字	

二、预期效果

通过本任务的实施,学生将在完成任务的过程中,掌握以下内容,并具备以下能力:

1. 能够按需要选择徽章类图案,并分析徽章类图案特点。
2. 能够对徽章类图案进行按层次描图,达到描图细致、准确无误差、无遗漏。
3. 能够完成徽章类图案分层、填色和各部分的浮雕制作,使浮雕生动、形象、自然、美观。
4. 能进入编程界面,对图形进行编程输出。

三、课前思考

观察市场上常见的各类徽章,分析徽章类饰品的造型特点,在脑海中能浮现出清晰的徽章类饰品的三维形象(要求:多观察、多思考)
观察记录:
观察体会:

四、开始学习

在珠宝首饰的设计制作过程中,经常会遇到需要制作徽章类产品。下面我们通过设计制作一款校徽来学习徽章类首饰的设计和制作,同时进一步巩固数控雕刻首饰的设计制作方法。

(一)图稿分析

图4-1是某学校的校徽,从图稿中可以分析,由一个"e"和"sitc"字母组成,比较简单,设计时可以对这两个部分分别进行描图。

图 4-1 校徽图稿案例

(二)打开文件并分析

1. 打开文件

打开软件→输入点阵图像→选择 jpg 的文件格式→点击"输入"窗口右上角的图标显示形式,为便于观察,可选择缩略图的形式,选择"缩略图"或"大图标",选中图片并打开(图 4-2)。

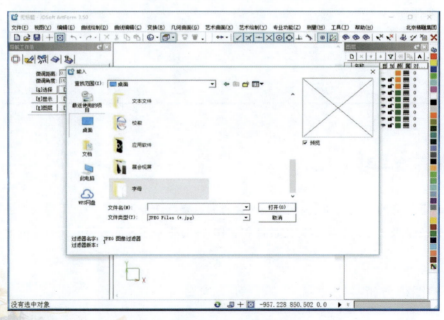

图 4-2 输入图片

(请参考教学视频"校徽制作 1")

2. 图形聚中

在"变换"下选择"图形聚中",打开图片,将图片放在屏幕中心(图4-3)。

图4-3 "图形聚中"工具

(请参考教学视频"校徽制作2")

3. 图形分析

校徽的设定种类很多,根据此校徽进行图形分析,发现它是由圆形、横线及字母组成,因此可以用基本图形构成,再进行编辑变换来完成(图4-4)。

图4-4 图形分析

(请参考教学视频"校徽制作3")

(三)描图

(1)"曲线绘制"下选择"圆"绘制基本几何平面图形并对图形进行修改,之后再绘制一个圆进行修改(图4-5)。

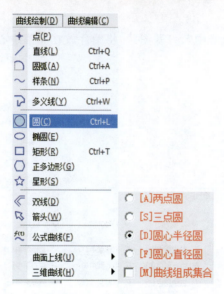

图 4-5 绘制"圆"工具

(2)平面下曲面绘制圆,通过鼠标对标准圆形进行拉动使其与设计图形大概一致(图4-6)。

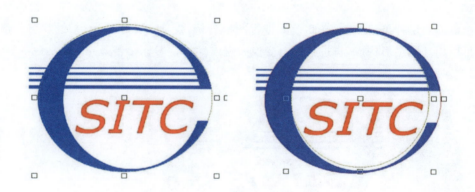

图 4-6 修改绘制的"圆"

(请参考教学视频"校徽制作 4")

(3)将"正交捕捉"打开绘制直线,依次将图上的横线绘制出来(图4-7至图4-9)。

图 4-7 "正交捕捉"工具

图 4-8 绘制"矩形"工具

(4)将四个矩形和两个圆分别集合成两组(图 4-10)。

图 4-9 矩形绘制

(请参考教学视频"校徽制作 5")

图 4-10 "集合"工具

(请参考教学视频"校徽制作 6")

(5)在"曲线编辑"下使用"区域焊接",等距距离测量出大概横线宽度(图4-11、图4-12)。

 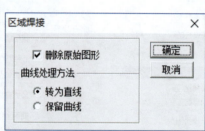 

图4-11 "区域焊接"工具　　　　　　　　　图4-12 焊接后图形

(请参考教学视频"校徽制作7")

(6)使用"曲面编辑"下的"修剪",对多余的线条进行修剪(图4-13、图4-14)。

图4-13 "修剪"工具　　　　　　　　　图4-14 修剪过程

(请参考教学视频"校徽制作8")

(7)在"编辑"下打开"文字编辑",选择相接近的字体进行输入(图 4-15、图 4-16)。

图 4-15 "文字编辑"工具

(请参考教学视频"校徽制作 9")

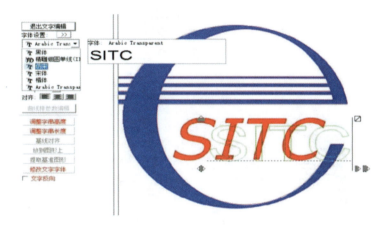

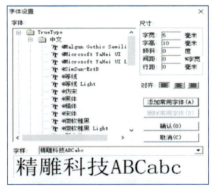

图 4-16 输入文字编辑过程

(8)将输入好的字体进行集合,进入"编辑"下的"节点编辑",对节点进行调整(图4-17、图4-18)。

图4-17 "集合"工具

(请参考教学视频"校徽制作10")

图4-18 输入文字节点编辑过程

(请参考教学视频"校徽制作11")

（四）浮雕的制作

（1）接下来进入虚拟浮雕界面，框选绘制曲线，点击"模型"→"新建模型"（图4-19、图4-20）。

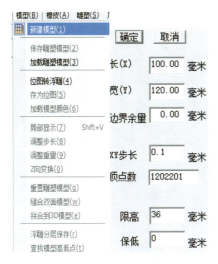

图4-19　"新建模型"工具

（请参考教学视频"校徽制作12"）

图4-20　生成的模型

（2）通过"颜色"下"单线填色"对曲线进行填色，之后继续在"颜色"下选择"种子填色"，对要填色区域范围进行填色（图4-21至图4-24）。

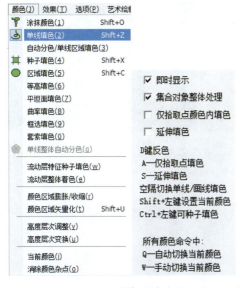

图4-21　"单线填色"工具

图4-22　单线填色过程

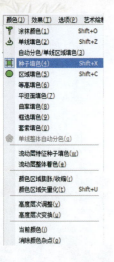 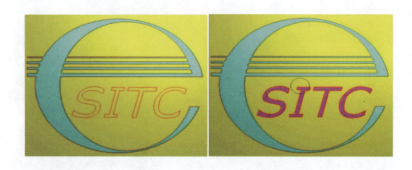

图 4-23 "种子填色"工具　　　　　图 4-24 种子填色后效果

（请参考教学视频"校徽制作 13"）

（3）选择"雕塑"下"冲压"，设置适当的冲压深度，选择"颜色内"冲压（图 4-25、图 4-26）。

 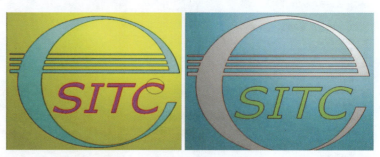

图 4-25 "冲压"工具　　　　　图 4-26 冲压后的显示效果

（请参考教学视频"校徽制作 14"）

（4）图形制作之后要对边缘进行"导动磨光"处理，在"导动"下选择"导动磨光"，选择"仅去高""颜色内"依次对线进行导动磨光（图 4-27、图 4-28）。

徽章款数控首饰的设计和雕刻 任务四

图4-27 "导动磨光"工具

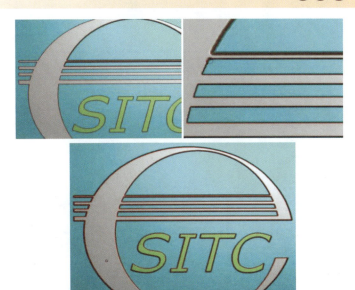

图4-28 导动磨光后完成效果

（请参考教学视频"校徽制作15"）

（五）路径编辑、模拟路径、路径输出

1. 路径编辑

（1）将制作好的图形进行"图形聚中"Z轴方向顶部聚中（始终保证表面高度为零）（图4-29、图4-30）。

图4-29 "图形聚中"工具

图4-30 图形降至零平面
以下渲染显示

（请参考教学视频"校徽制作16"）

进入编程界面(图4-31)。

图4-31 路径编辑界面下显示图稿

(2)首先建立一个"毛坯形状",在毛坯设置下选择"包围盒",然后选择制作好的曲面,它会自动在设计好的造型中生成一个立方体(建立毛坯是为了进行开粗加工,开粗加工的条件必须设置毛坯形状)(图4-32)。

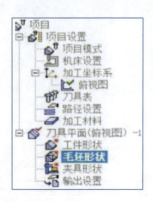 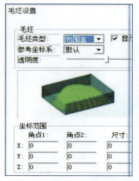 

图4-32 建立毛坯过程

(请参考教学视频"校徽制作17")

(3)其次在"刀具路径"下选择"路径向导",选择好刀具后进行分层粗加工,因为是开粗,所以要留余量等参数并计算(开粗是为了去除大料,一般加工时选择刀具相对比较大是为了提高加工效率)(图4-33)。

徽章款数控首饰的设计和雕刻 任务四

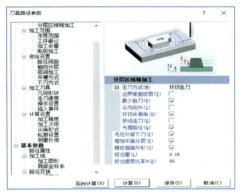
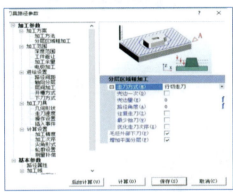
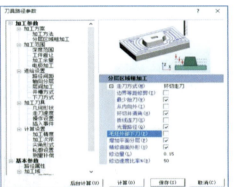
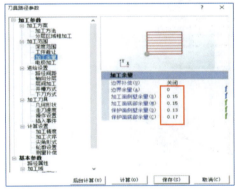
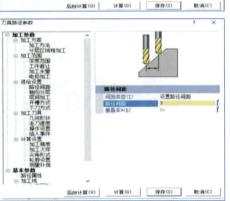
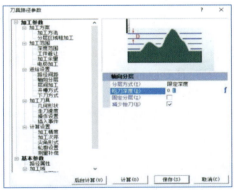

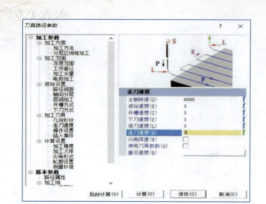 

图 4-33 开粗加工编辑过程

(请参考教学视频"校徽制作 18")

(4)再次对图形进行一次残料补加工,上一把相对要小一些的刀具,其参数基本不变(图 4-34)。

图 4-34 残料补加工计算结果

(5)最后对图形进行一次精加工,选择刀具相对前边的都要小,通过路径向导下的曲面精加工,对刀具路径间距等参数进行修改同时余量为零,使其完成精加工(图 4-35)。

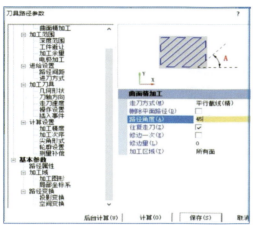
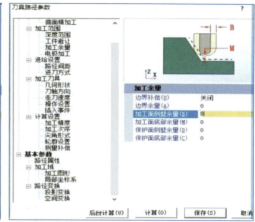
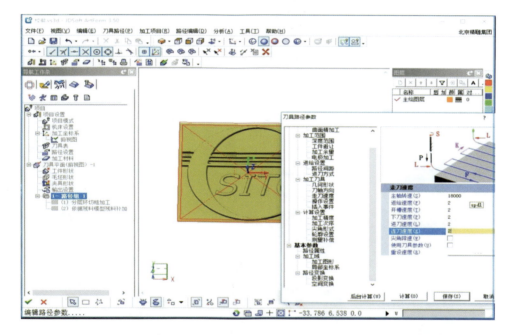

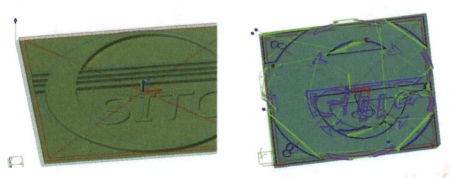

图4-35 精加工编程设置过程

（请参考教学视频"校徽制作19"）

2. 模拟路径(图 4-36、图 4-37)

图 4-36 "加工过程实体模拟"工具

图 4-37 模拟过程

(请参考教学视频"校徽制作 20")

3. 路径输出(图 4-38 至图 4-40)

图 4-38 "输出刀具路径"工具

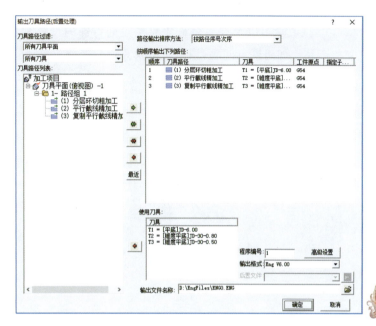

图 4-39 设置输出格式

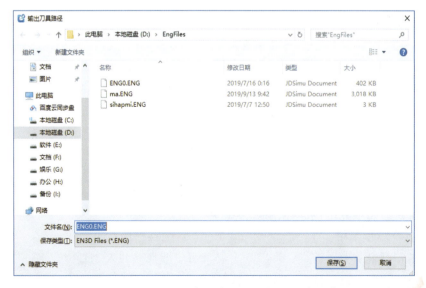

图 4-40 设置保存输出名、文件位置并保存

五、任务实施

1. 认真学习以上有关徽章款数控雕刻首饰的设计和制作步骤，并亲自设计一款徽章类产品。如遇疑难问题，请及时记录并请教老师。

2. 思考：您在本课设计的徽章款首饰，应如何在数控雕刻机上加工呢？请分析加工步骤。

六、知识测评

（一）是非题

1. 将图片放在屏幕中心，可以使用"变换→图形聚中"命令。（ ）
2. 绘制"圆"，可以使用"曲线编辑→圆"命令。（ ）

（二）单选题

1. 将所绘的图形分组，可以使用（ ）命令。
   A. 变换→图形聚中　　　　　　　　B. 变换→曲线集合
   C. 变换→优化排样　　　　　　　　D. 变换→并入 3D 环境

2. 对所绘的图形进行修剪，可以使用（ ）命令。
   A. 曲线编辑→修剪　　B. 曲线编辑→切断　　C. 曲线编辑→裁剪　　D. 曲线编辑→等分

七、学习评价

序号	项目	评价指标	评价要求	得分 自评 30%	得分 团队评 30%	得分 教师评 40%
1	课前思考（10分）	查阅资料，认真分析（10分）	充分查阅资料，认真进行分析，提出自己的观点和看法			
2	任务实施（70分）	（1）能完整、正确地进行描图（10分）	能根据要求严格、认真完成，所描图案细致、准确、无遗漏			
		（2）能对所描图案进行分层、填色和浮雕设计（30分）	能对所描图案进行分层、填色和浮雕设计，要求浮雕准确、自然			
		（3）能对浮雕设计产品进行精修（20分）	能对浮雕作品进行细节处的精修，使其达到生动、美观、自然的效果			
		（4）进入编程界面，对图形进行编程输出（10分）	能进入编程界面，对图形进行编程输出，输出文件可在数控雕刻机上使用			
3	职业素养（10分）	职业素养（10分）	工作严谨、细致、认真、责任心强；有耐心，有一定独立工作能力；有开放性的思维，有创意			
4	职业纪律（10分）	职业纪律（10分）	不迟到、不早退、不玩手机、不做其他无关的事，有团队意识和集体荣誉感			
			合计			

（以上测评表仅供参考，如果您的测评分数较低，请及时向教师或同行请教。）

八、知识应用

继续完成本课作品的设计，并修整；在教师的指导下，尝试在机器上完成产品的雕刻；举一反三并设计创作出徽章类的新款首饰。

任务五
卡通造型数控首饰的设计和雕刻

一、任务单

学习/工作 任务单	
部门/岗位	某珠宝公司雕刻部	学习/工作人员	
下达日期		完成时限	
任务名称	请完成一件卡通造型数控首饰的设计和雕刻
任务描述	请选择图案,对图案进行分析,描图、分层、填色和各部分的浮雕制作
完成内容和要求	1. 按要求完成课前思考 2. 选择卡通造型图案,并分析图案特点 3. 对卡通造型图案按层次描图,要求描图细致、准确无误差、无遗漏 4. 完成卡通造型图案的分层、填色和各部分的浮雕制作,要求浮雕生动、形象、自然、美观 5. 进入编程界面,对图形进行编程输出
所需材料、设备、工具、参考资料和信息资源	设备:电脑、雕刻软件 资料:各类卡通造型图案
完成过程记录	
遇到问题和疑难点	
完成情况/测评得分	综合评价:□优　□良　□中　□合格　□不合格
总结与心得	
任务完成时间		负责人签字	

二、预期效果

通过本任务的实施,学生将在完成任务的过程中,掌握以下内容,并具备以下能力:

1. 能够按需要选择卡通造型图案,并分析卡通造型图案特点。
2. 能够对卡通造型图案进行按层次描图,达到描图细致、准确无误差、无遗漏。
3. 能够完成卡通造型图案分层、填色和各部分的浮雕制作,使浮雕生动、形象、自然、美观。
4. 能进入编程界面,对图形进行编程输出。

三、课前思考

请观察市场上常见的各类卡通造型首饰,分析这类首饰的造型特点,在脑海中能浮现出清晰的卡通造型首饰的三维形象(要求:多观察、多思考)
观察记录:
观察体会:

四、开始学习

在日常首饰的选购中,因为卡通造型简洁、可爱,往往是人们选择的对象。本任务就以一款小马驹主题的卡通造型为例,示范此类数控首饰的设计和制作。

(一)打开文件并分析

1. 打开文件

打开软件→输入点阵图像→选择 jpg 的文件格式→点击"输入"窗口右上角的图标显示形式,为便于观察,可选择缩略图的形式,选择"缩略图"或"大图标",选择图形聚中,选中图片并打开(图 5-1 至图 5-3)。

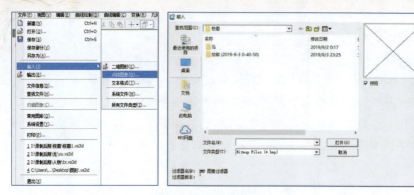

图 5-1 "输入点阵图像"工具

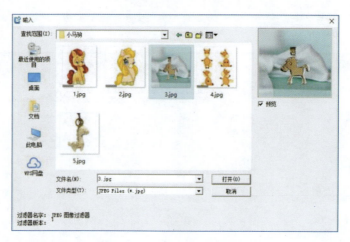

图 5-2 选择缩略图片

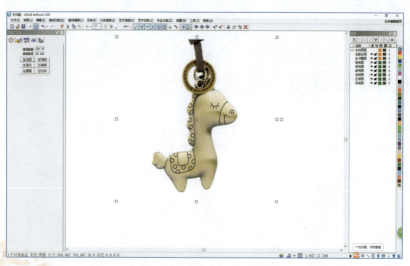

图 5-3 打开图片

（请参考教学视频"小马驹制作1"）

2. 已选对象加锁

对所选图片进行加锁（图5-4）。

图5-4 "加锁"工具

（请参考教学视频"小马驹制作2"）

3. 分析思路

根据选择的小马驹图形，基本可以采取"区域浮雕"和"颜色浮雕"来制作，所以图形绘制上能连成区域的图形描成区域，保证图形线条连接处都保持互相连接，更好地进入下一步浮雕制作（请参考教学视频"小马驹制作3"）。

（二）描图、提取

1. 描图

在"曲线绘制"下选择"多义线"（样条曲线）进行描图，在多义线命令下点击鼠标左键开始描图（图5-5至图5-7）。

上边的小圆圈可以采用基本圆形绘制出来，绘制好一个后在"变换"下选择"平移"并打开复制，鼠标左键选择圆形，依次点选相应位置进行复制（图5-8至图5-10）。

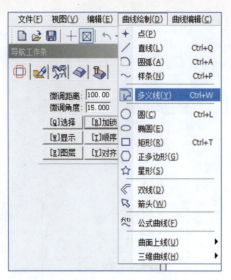

图 5-5 "多义线"工具

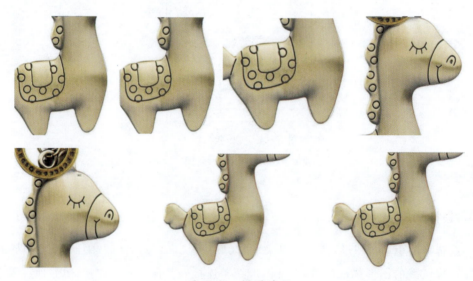

图 5-6 描图过程

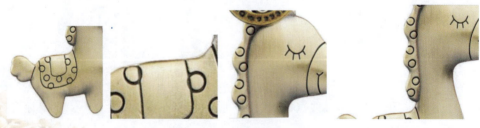

图 5-7 局部描图过程

(请参考教学视频"小马驹制作 4")

卡通造型数控首饰的设计和雕刻 任务五

图 5-8 "平移"工具

图 5-9 平移复制过程

图 5-10 绘制好的图形
（请参考教学视频"小马驹制作 5"）

2. 区域提取

部分位置虽然没有描出闭合区域,但是可以通过提取的方式,对整体图形进行外轮廓区域提取,选择"艺术绘制"→"区域提取"→"生成外轮廓"(保证描图时首尾相接,提取外轮廓会更准确),依次提取其他位置(图 5-11 至图 5-13)。

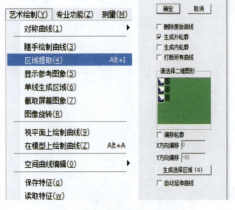  

图 5-11 "区域提取"工具　　　　　图 5-12 提取好的外轮廓

(请参考教学视频"小马驹制作 6")

图 5-13 局部提取外轮廓

(请参考教学视频"小马驹制作 7")

（三）虚拟浮雕制作

（1）进入雕塑界面，框选需要生成浮雕的线稿，选择"模型"→"新建模型"（图 5-14、图 5-15）。

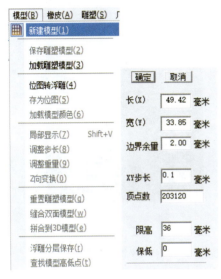

图 5-14 "新建模型"工具

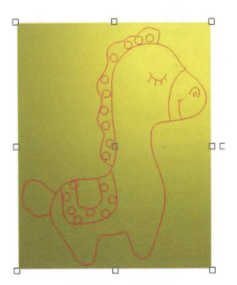

图 5-15 创建模型

（请参考教学视频"小马驹制作 8"）

（2）将描图移出，保留生成的区域在浮雕范围内（图 5-16）。

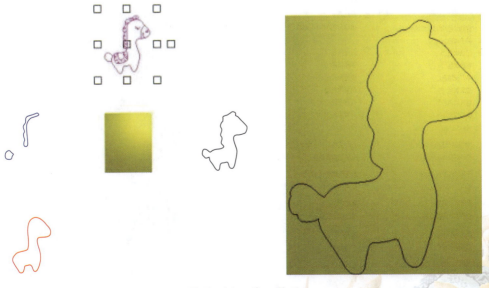

图 5-16 移入图形

(3)"雕塑"下应用"区域浮雕"设置好参数,点选要生成区域的闭合曲线(图5-17、图5-18)。

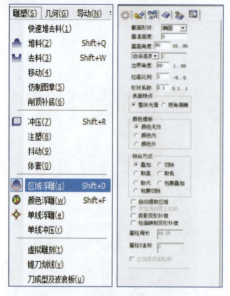

图5-17 "区域浮雕"工具

图5-18 "区域浮雕"生成图形
(请参考教学视频"小马驹制作9")

(4)在"颜色"下选择"单线填色",鼠标选取填色线条将其填色,之后在"颜色"下选择"种子填色",点选填色位置,进行填色(图5-19、图5-20)。

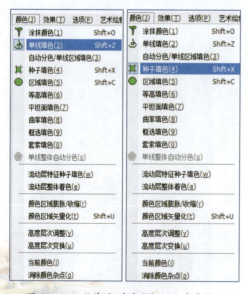

图5-19 "单线填色""种子填色"工具

图5-20 填好色的图形
(请参考教学视频"小马驹制作10")

(5)由于是通过区域直接生成的图形,不可能完全符合实际产品,因此在"效果"下选择"磨光",通过"仅去高"或者"仅补底"的方式处理造型(图5-21、图5-22)。

图5-21 "磨光"工具

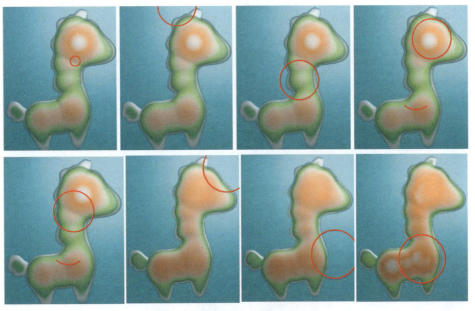

图5-22 磨光过程

(请参考教学视频"小马驹制作11")

(6)通过选择"雕塑"下堆料、去料的方式修整造型(图5-23)。
(7)将其他位置区域移入浮雕范围内,依次进行"区域浮雕"造型(图5-24)。

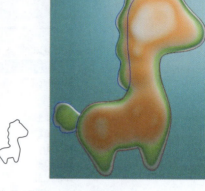

图 5-23 修整造型

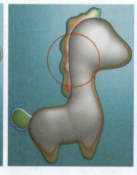
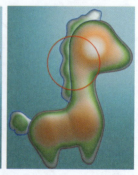

图 5-24 身体区域浮雕
(请参考教学视频"小马驹制作 12")

(8)依次对不同位置进行分色(图 5-25)。

图 5-25 局部分色
(请参考教学视频"小马驹制作 13")

(9)接着通过堆料、去料、磨光的方式进行处理(图5-26)。

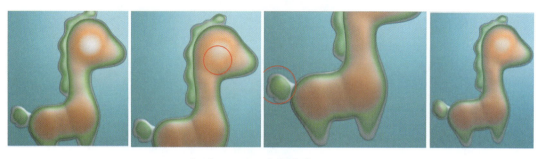

图5-26 局部磨光处理

(请参考教学视频"小马驹制作14")

(10)通过旋转观察的方式来确定高低,观察好后"C"键回到俯视图观察(图5-27)。

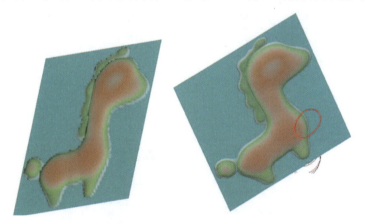

图5-27 选择观察图形

(请参考教学视频"小马驹制作15")

(11)整体关系都处理好后(请参考教学视频"小马驹制作16"),对边缘进行磨光"仅去高"处理(图5-28)。

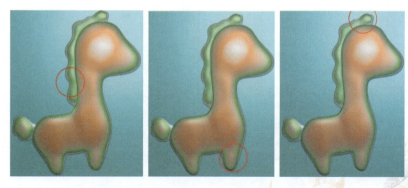

图5-28 边缘磨光"仅去高"

(请参考教学视频"小马驹制作17")

(12)进入细部处理,将一些细节地方移入虚拟浮雕范围(图5-29)。

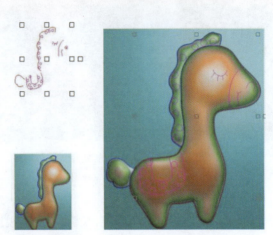

图5-29 移入局部线条

(请参考教学视频"小马驹制作18")

(13)选择导动下的导动去料,对绘制集合好的单线进行导动去料(图5-30至图5-32)。

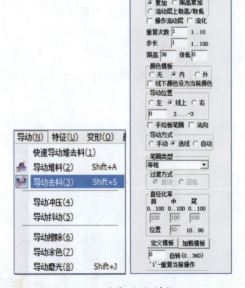

图5-30 "导动去料"工具

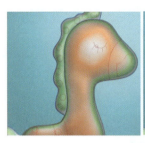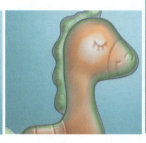

图 5-31　导动去料过程

（请参考教学视频"小马驹制作 19"）

图 5-32　导动后的图形

（14）对部分导动位置进行磨光"仅补底"或者"仅去高"处理（图 5-33、图 5-34）。

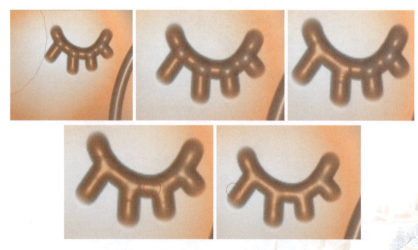

图 5-33　磨光"仅补底"处理细节

（请参考教学视频"小马驹制作 20"）

图 5-34 浮雕完成图形

(四)编程制作

(1)将设计好的图形在平面"变换"下"图形聚中"为顶部聚中,准备进入编程加工界面编程(图 5-35)。

图 5-35 渲染显示图形

(2)在刀具路径向导下进行刀具参数设置,通过精加工留余量的方式进行开粗,接下来通过选择刀具变小、路径间距变小,加工余量清理来进行最终精加工(图 5-36、图 5-37)。

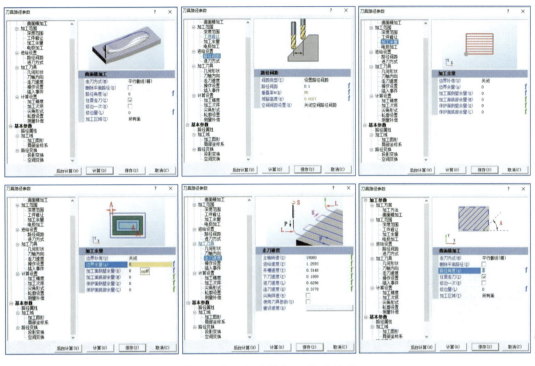

图 5-36 曲面精加工编程过程

（请参考教学视频"小马驹制作 21"）

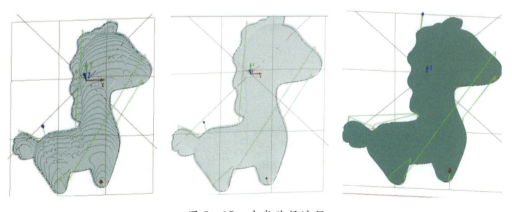

图 5-37 生成路径过程

(3) 对计算好的路径进行实体模拟，选择刀具路径下的路径向导（图 5-38 至图 5-41）。

图 5-38 "加工过程实体模拟"工具

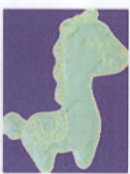

图 5-39 实体模拟过程

（请参考教学视频"小马驹制作 22"）

图 5-40 "加工过程线框模拟"工具

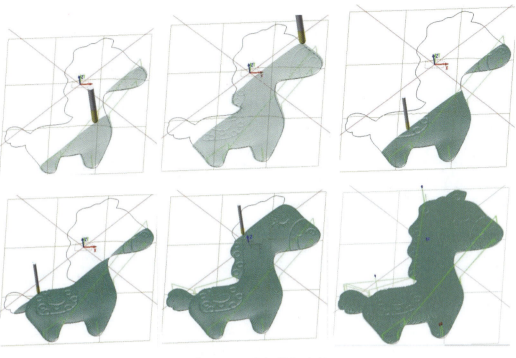

图 5-41 线框模拟过程

（请参考教学视频"小马驹制作 23"）

（4）之后进行路径输出，通过刀具路径下输出路径（图 5-42、图 5-43）。

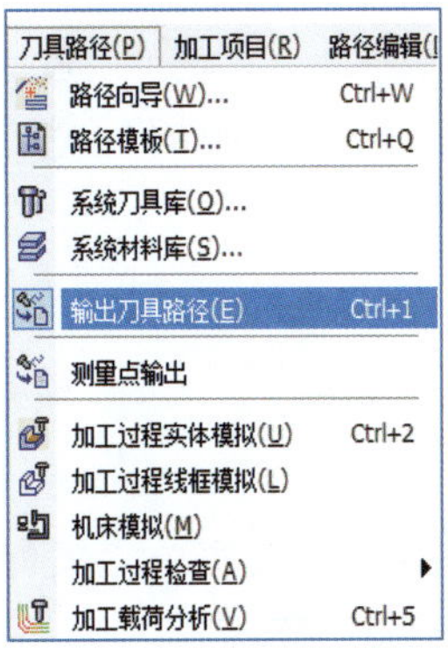

图 5-42 "输出刀具路径"工具

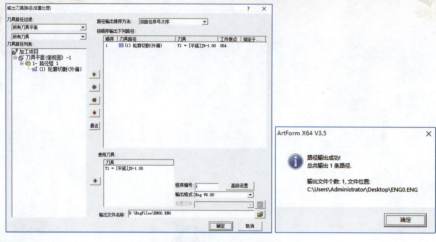

图 5-43 输出刀具路径过程

（请参考教学视频"小马驹制作 24"）

五、任务实施

1. 认真学习以上有关徽章款数控雕刻首饰的设计和制作步骤，并亲自设计一款卡通造型产品。设计制作过程中遇到的疑难问题，请及时记录并请教老师。

2. 思考：本次任务中的卡通造型首饰应如何在数控雕刻机上加工呢？请分析加工步骤。

六、知识测评

（一）是非题

1. 在设计时，部分位置虽然没有输出闭合区域，但是可以提取的方式，得到整体图形

的外轮廓,相关的命令是"艺术绘制→区域提取→生成外轮廓"。（ ）

2. 在观察图形时,观察好后按"C"键回到俯视图观察。（ ）

（二）单选题

1. 在填色时,在"颜色"下选择"单线填色",鼠标选取( )将其填色。
   A. 线条　　　　　B. 区域　　　　　C. 点　　　　　D. 位置
2. 在填色时,在"颜色"下选择"种子填色",鼠标选取( )将其填色。
   A. 线条　　　　　B. 轮廓　　　　　C. 点　　　　　D. 位置

七、学习评价

序号	项目	评价指标	评价要求	得分		
				自评 30%	团队评 30%	教师评 40%
1	课前思考（10分）	查阅资料,认真分析（10分）	充分查阅资料,认真进行分析,提出自己的观点和看法			
2	任务实施（70分）	（1）能完整、正确地进行描图(10分)	能根据要求严格、认真完成,所描图案细致、准确、无遗漏			
		（2）能对所描图案进行分层、填色和浮雕设计(30分)	能对所描图案进行分层、填色和浮雕设计,要求浮雕准确、自然			
		（3）能对浮雕设计产品进行精修(20分)	能对浮雕作品进行细节处的精修,使其达到生动、美观、自然的效果			
		（4）进入编程界面,对图形进行编程输出(10分)	能进入编程界面,对图形进行编程输出,输出文件可在数控雕刻机上使用			
3	职业素养（10分）	职业素养（10分）	工作严谨、细致、认真、责任心强;有耐心,有一定独立工作能力;有开放性的思维,有创意			
4	职业纪律（10分）	职业纪律（10分）	不迟到、不早退、不玩手机、不做其他无关的事,有团队意识和集体荣誉感			
		合计				

（以上测评表仅供参考,如果您的测评分数较低,请及时向教师或同行请教。）

八、知识应用

继续完成本课作品的设计,并修整;在教师的指导下,尝试在机器上完成产品的雕刻;举一反三并设计创作出卡通造型类的新款首饰。

任务六
花草题材数控首饰的设计和雕刻

一、任务单

学习/工作 任务单		
部门/岗位	某珠宝公司雕刻部	学习/工作人员	
下达日期		完成时限	
任务名称	请完成一件花草类题材数控首饰的设计和雕刻		
任务描述	选择花草类图案,对图案进行分析,描图、分层、填色和各部分的浮雕制作		
完成内容和要求	1. 按要求完成课前思考 2. 选择花草类图案,并分析图案特点 3. 对花草类图案按层次描图,要求描图细致、准确无误差、无遗漏 4. 完成花草类图案的分层、填色和各部分的浮雕制作,要求浮雕生动、形象、自然、美观 5. 进入编程界面,对图形进行编程输出		
所需材料、设备、工具、参考资料和信息资源	设备:电脑、雕刻软件 资料:花草类图案		
完成过程记录			
遇到问题和疑难点			
完成情况/测评得分	综合评价:□优 □良 □中 □合格 □不合格		
总结与心得			
任务完成时间		负责人签字	

二、预期效果

通过本任务的实施,学生将在完成任务的过程中,掌握以下内容,并具备以下能力:

1. 能够按需要选择花草类图案,并分析花草类图案特点。
2. 能够对花草类图案进行按层次描图,达到描图细致、准确无误差、无遗漏。
3. 能够完成花草类图案分层、填色和各部分的浮雕制作,使浮雕生动、形象、自然、美观。
4. 能进入编程界面,对图形进行编程输出。

三、课前思考

观察市场上常见的各类花草类浮雕首饰,分析这类首饰的造型特点,在脑海中能浮现出清晰的花草类浮雕首饰的三维形象(要求:多观察、多思考)
观察记录:
观察体会:

四、开始学习

在首饰和玉雕这种装饰性比较强的材料上,花草类图案因造型美丽,寓意吉祥,是人们常选的经典题材。雕刻花草往往不需要太繁杂,只要层次分明能体现美感即可,下面以兰花为例进行设计制作。

(一)素材与分析

1. 选择线稿图为素材

在搜索图时,尽量使用线稿图,如国画中的线描,花草不需要太繁杂,清爽简洁,方便描图就好(图6-1)。

图6-1　线稿图示例

(请参考教学视频"兰花制作1")

2. 图稿分析

此图大概分为三部分——花、叶、昆虫,描图中考虑三部分的层次关系,在这三个层次上再考虑具体的前后主次关系变化。

(二)打开文件并聚中、加锁

1. 打开文件

打开软件→输入点阵图像→选择jpg的文件格式→点击"输入"窗口右上角的图标显示形式,为便于观察,可选择缩略图的形式,选择"缩略图"或"大图标",选中图片并打开(图6-2)。

2. 图形聚中

左侧窗口选"图形聚中",打开图片,将图片放在屏幕中心(图6-3)。

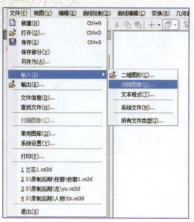 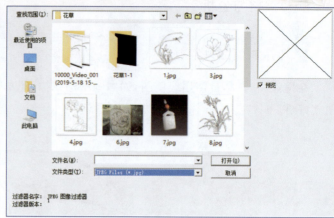

图6-2 "输入点阵图像"工具

（请参考教学视频"兰花制作2"）

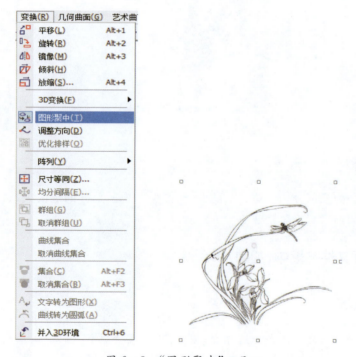

图6-3 "图形聚中"工具

3. 图形加锁

点击左侧窗口"加锁"→在弹出的窗口左侧点击"已选对象加锁"→点右键→图片被加锁（图6-4、图6-5）。

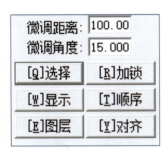

图 6-4 "加锁"工具

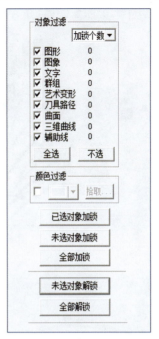

图 6-5 "已选对象加锁"工具

(三) 描图

一般采用曲线绘制下的"多义线"来绘制(图 6-6、图 6-7)。

图 6-6 "多义线"工具

图 6-7 随意选定起始位置

(1)分清叶子正面与背面,注意衔接关系(图6-8)。

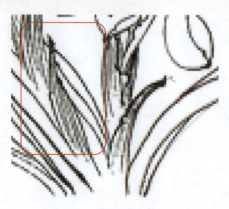

图6-8 分清关系图片描图

(2)看清图片关系,不要被其他线条干涉描图思路(图6-9、图6-10)。

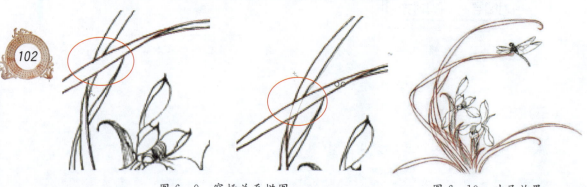

图6-9 穿插关系描图　　　　　　图6-10 叶子效果

(3)将描好的叶子新建图层,放到图层里,先隐藏掉,继续描图(以免图形描线干涉)(图6-11、图6-12)。

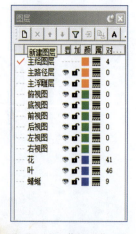

图6-11 "图层"工具

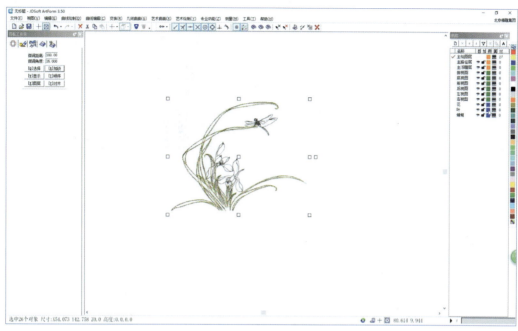

图 6-12　框选图形移到图层

（请参考教学视频"兰花制作 3"）

（4）继续进行花瓣描图，注意花瓣正面与背面的关系、花瓣叠加关系（图 6-13）。

图 6-13　花瓣绘制

（5）对一些图片不清晰的位置，一定要发挥想象力，通过想象来描图（图 6-14）。
（6）通过切换平面观察界面、节点模式界面、虚拟浮雕界面来观察图形常用快捷键。

图 6-14　想象描出部分图形

（请参考教学视频"兰花制作 4"）

（7）花绘制完成后，继续建立图层将其放入图层（图 6-15）。

图 6-15　花绘制完成

（请参考教学视频"兰花制作 5"）

（8）蜻蜓不是主要图形，所以不需要描太细，加工在玉石材料上也不会很明显，能体现出大概形状即可（图 6-16）。

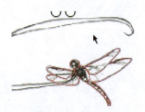

图 6-16　描好的蜻蜓

(四)虚拟浮雕制作

(1)将参考图显示出来便于观察,在"艺术绘制"下点击"显示参考图"(图6-17)。

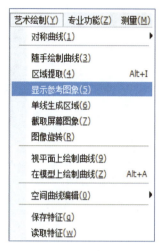

图6-17 "显示参考图"工具

点击"模型"→"新建模型",曲面设置适当参数点(图6-18、图6-19)。

图6-18 "新建模型"工具

图6-19 生成模型

(请参考教学视频"兰花制作6")

(2)对于填色来说,有一个简单的填色方法,即将需要填色的线框选中(线与线之间相接),接着直接点击空格键即可(图6-20、图6-21)。

图6-20　框选线条　　　　　　　　　　图6-21　点击空格键直接填色

（请参考教学视频"兰花制作7"）

这样填色的弊病就是很多不需要颜色的位置也会被填颜色(图6-22)。

图6-22　部分不需要填色的范围

因此采用单线自动分色来区分颜色,在区分之前,先对部分不需要的线条进行线条修剪(图6-23至图6-25)。

花草题材数控首饰的设计和雕刻 任务六

图 6-23 部分线条修剪
（请参考教学视频"兰花制作8"）

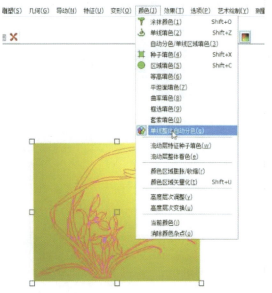

图 6-24 "单线整体自动分色"工具

图 6-25 填色效果

（3）采用"单线自动整体分色"是将所有封闭衔接区域内分成不同颜色，对不需要的地方进行种子填色，填回底色。对于前期处理，还是将其填成三个层次关系（图 6-26）。

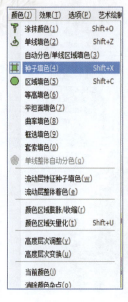

图 6-26 种子填色后效果

（请参考教学视频"兰花制作 9"）

将分好色的图形颜色进行颜色保存，以备后用，在"模型"下点击"存为位图"，选"颜色存为位图"，选择保存位置进行文件命名，点击保存，存为 bmp 格式（图 6-27）。

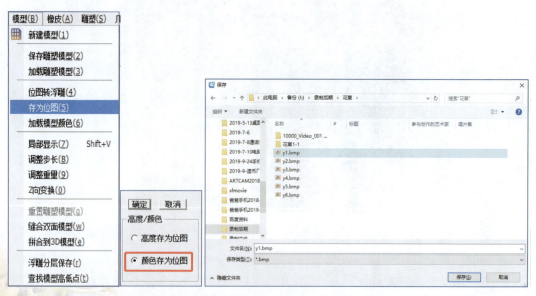

图 6-27 保存颜色方法

（请参考教学视频"兰花制作 10"）

(4)通过种子填色的方式,将颜色分成三种并保存颜色(图6-28)。

图6-28 三层颜色

(请参考教学视频"兰花制作11")

采用"冲压""去料"的方式对分好的颜色进行三个层次分层,在"模型"下选择"冲压"(图6-29至图6-31)。

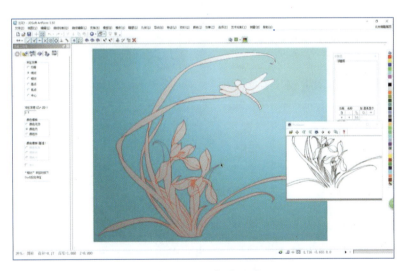

图6-29 "冲压"工具　　　　图6-30 冲压效果

图 6-31　去料后效果

（请参考教学视频"兰花制作 12"）

（5）对颜色进行细分，进行细部关系分离，载入之前保存的颜色，继续处理图形。在"模型"下点击"加载模型颜色"，选择保存好的颜色图片（图 6-32）。

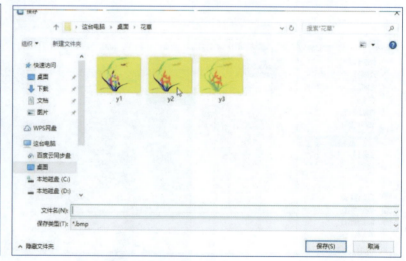

图 6-32　加载模型颜色

通过去料的方式对草进行处理（图 6-33）。

（6）花瓣的处理和叶子一样先进行分色，再通过"去料"和"磨光"的方式处理（图 6-34）。

花草题材数控首饰的设计和雕刻 任务六

图 6-33　叶子的进一步处理

（请参考教学视频"兰花制作 13"）

图 6-34　花瓣的进一步处理

（请参考教学视频"兰花制作 14"）

（7）进一步对各个部分进行处理，通过堆料、去料、磨光调整高低位置关系（图6-35）。

图6-35　整体调整

（请参考教学视频"兰花制作15"）

（8）对于部分位置出现的杂点颜色，在"颜色"下点"消除颜色杂点"（图6-36、图6-37）。

图6-36　颜色杂点

（9）继续进行图形细部关系处理，这时可以不时切换显示方式观察，通过"选项"命令下的"灰度图像方式显示""地图方式显示""图形方式显示"进行进一步细节处理（图6-38）。

花草题材数控首饰的设计和雕刻 任务六

图 6-37 "消除颜色杂点"工具

（请参考教学视频"兰花制作 16"）

图 6-38 切换显示方式工具

（请参考教学视频"兰花制作 17"）

（10）大关系和细节都处理好以后，要对图形边缘进行磨光"仅去高"处理，把一些直侧壁稍微修缓和，为的是便于机器加工，减少刀具磨损（图 6-39、图 6-40）。

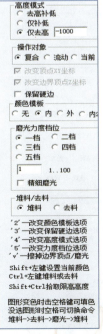

图 6-39 "磨光"工具

图 6-40 磨光后的图形

（请参考教学视频"兰花制作 18"）

（11）对需要导动的线进行导动处理，并稍微磨光处理融合（图 6-41、图 6-42）。

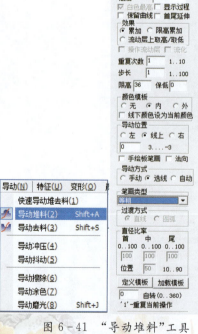

图 6-41 "导动堆料"工具

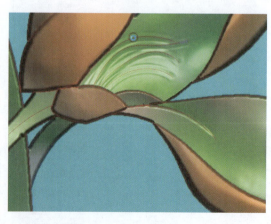

图 6-42 局部导动去料

（请参考教学视频"兰花制作 19"）

(五)路径编辑

(1)通过图形变换将其并入3D环境,"图形聚中"使其顶部聚中,曲面最高点为零平面(图6-43、图6-44)。

图6-43 "并入3D环境"工具

图6-44 "图形聚中"工具

(请参考教学视频"兰花制作20")

(2)在路径编辑界面下选择做好的图形,选择路径向导,设置相应参数进行编辑并计算(图6-45、图6-46)。

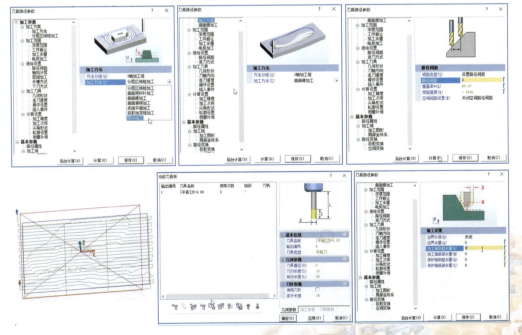

图6-45 路径编辑

图 6-46 模拟加工

（请参考教学视频"兰花制作 21"）

五、任务实施

1. 请认真学习以上有关花草类数控雕刻首饰的设计和制作步骤，并亲自设计一款花草类产品。设计制作过程中遇到的疑难问题，请及时记录并请教老师。

2. 思考：您在本课设计的花草类首饰，应如何在数控雕刻机上加工呢？请分析加工步骤。

六、知识测评

(一)是非题

1. 花草类图案因造型美丽、寓意吉祥,是人们常选的经典题材。雕刻花草时往往不需要太繁杂,但要层次分明,能体现美感。(　)
2. 为避免设计过程中图像移动,可以使用"加锁→已选对象加锁",点鼠标左键,对图片加锁。(　)
3. 在描图时,对一些图片不清晰的地方,可以发挥想象力,通过想象来描图。(　)
4. 在描图时,要注意看清图片关系,不要被其他线条干涉描图思路。(　)

(二)单选题

1. 为了将参考图显示出来便于观察,可以选"艺术绘制"下的(　)命令。
   A. 显示参考图像　　B. 截取平面图像　　C. 区域提取　　D. 单线生成区域
2. 对于填色来说,有一个简单的方法,即将需要填色的线框选中,接着直接点击(　)即可。
   A. 回车键　　　　B. 空格键　　　　C. Shift 键　　　　D. Ctrl 键

七、学习评价

序号	项目	评价指标	评价要求	得分		
				自评 30%	团队评 30%	教师评 40%
1	课前思考(10分)	查阅资料,认真分析(10分)	充分查阅资料,认真进行分析,提出自己的观点和看法			
2	任务实施(70分)	(1)能完整、正确地进行描图(10分)	能根据要求严格、认真完成,所描图案细致、准确、无遗漏			
		(2)能对所描图案进行分层、填色和浮雕设计(30分)	能对所描图案进行分层、填色和浮雕设计,要求浮雕准确、自然			

续表

序号	项目	评价指标	评价要求	得分		
				自评 30%	团队评 30%	教师评 40%
2	任务实施（70分）	（3）能对浮雕设计产品进行精修（20分）	能对浮雕作品进行细节处的精修，使其达到生动、美观、自然的效果			
		（4）进入编程界面，对图形进行编程输出（10分）	能进入编程界面，对图形进行编程输出，输出文件可在数控雕刻机上使用			
3	职业素养（10分）	职业素养（10分）	工作严谨、细致、认真、责任心强；有耐心，有一定独立工作能力；有开放性的思维，有创意			
4	职业纪律（10分）	职业纪律（10分）	不迟到、不早退、不玩手机、不做其他无关的事，有团队意识和集体荣誉感			
			合计			

（以上测评表仅供参考，如果您的测评分数较低，请及时向教师或同行请教。）

八、知识应用

继续完成本课作品的设计，并修整；在教师的指导下，尝试在机器上完成产品的雕刻；举一反三并设计创作出花草类的新款首饰。

任务七
飞禽题材数控首饰的设计和雕刻

一、任务单

学习/工作　任务单	
部门/岗位	某珠宝公司雕刻部	学习/工作人员	
下达日期		完成时限	
任务名称	完成一件飞禽类题材数控浮雕类首饰的设计和雕刻
任务描述	选择飞禽类图案,对图案进行分析,描图、分层、填色和各部分的浮雕制作
完成内容和要求	1. 按要求完成课前思考 2. 选择飞禽类图案,并分析图案特点 3. 对飞禽类图案按层次描图,要求描图细致、准确无误差、无遗漏 4. 完成飞禽类图案的分层、填色和各部分的浮雕制作,要求浮雕生动、形象、自然、美观 5. 进入编程界面,对图形进行编程输出
所需材料、设备、工具、参考资料和信息资源	设备:电脑、雕刻软件 资料:飞禽类图案
完成过程记录	
遇到问题和疑难点	
完成情况/测评得分	综合评价:□优　□良　□中　□合格　□不合格
总结与心得	
任务完成时间		负责人签字	

二、预期效果

通过本任务的实施,学生将在完成任务的过程中,掌握以下内容,并具备以下能力:

1. 能够按需要选择飞禽类图案,并分析飞禽类造型图案特点。
2. 能够对飞禽类图案进行按层次描图,达到描图细致、准确无误差、无遗漏。
3. 能够完成飞禽类图案分层、填色和各部分的浮雕制作,使浮雕生动、形象、自然、美观。
4. 能进入编程界面,对图形进行编程输出。

三、课前思考

观察市场上常见的各类飞禽类浮雕首饰,分析这类首饰的造型特点,在脑海中能浮现出清晰的飞禽类浮雕首饰的三维形象(要求:多观察、多思考)
观察记录:
观察体会:

四、开始学习

飞禽类题材是珠宝首饰和玉雕中常用的题材,如雄鹰、大雁、鸽子等。飞禽的图形多种多样,在这里我们将选择一只动态的飞禽形象来设计制作。通过练习本作品,学习羽毛类图案和造型是如何在数控雕刻中设计和制作的。

(一)素材的选择

很多人看到鸟的羽毛觉得一层一层太密集繁杂,其实把它的关系捋顺还是很好理解的。建议大家在选图时先以线描稿或者是关系比较分明清晰的图片来练习(图7-1)。

图 7-1　线稿图片

(二)打开文件

1. 输入点阵图,选择图片并打开(图 7-2)

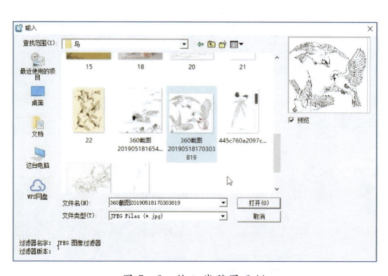

图 7-2　输入线稿图示例

(请参考教学视频"飞禽制作 1")

2. 图形聚中(图7-3)

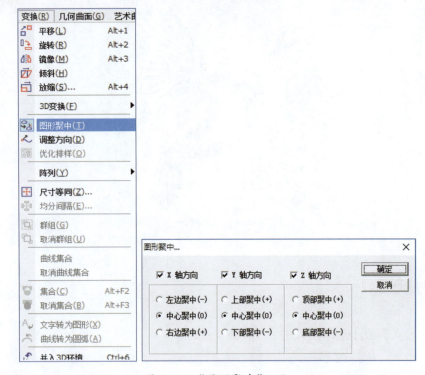

图7-3 "图形聚中"工具

3. 已选对象加锁(图7-4)

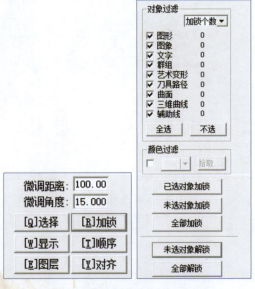

图7-4 "已选对象加锁"工具

(请参考教学视频"飞禽制作2")

(三) 对图形进行描图,形状分析

1. 绘制多义线

(1) 在刚开始描图时,可以先从大的关系入手,先描大的区域,从区域入手对下一步进行起大形也有很大帮助,虽然图中没有一个区域的实际线框,我们可以先将线条按照大概身体形状描出区域(图7-5)。

图7-5 应用"多义线"绘制图形区域

(请参考教学视频"飞禽制作3、4、5")

(2) 羽毛的描法按照层次衔接依次描出,这样的描法可避免繁乱(图7-6至图7-9)。

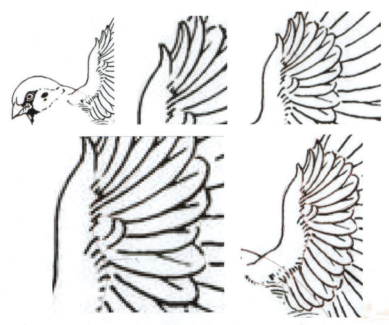

图7-6 分层依次绘制羽毛(1)

(请参考教学视频"飞禽制作6")

图 7-7 分层依次绘制羽毛(2)

（请参考教学视频"飞禽制作 7"）

图 7-8 绘制尾部羽毛

图 7-9 其他羽毛的绘制

（3）对羽毛中转折处的描法一定要分清前后关系（图 7-10 至图 7-13）。

图 7-10 羽毛转折处的绘制

图 7-11 整个羽毛绘制

（请参考教学视频"飞禽制作 8"）

图 7-12　爪子的绘制

图 7-13　整个图形线稿

（请参考教学视频"飞禽制作 9"）

2. 图形分析

该图形整体比较完整清晰，我们可以想象按照鸟的基本结构大概绘制鸟的高低起伏关系（图 7-14、图 7-15）。

图 7-14　头部形状起伏关系　　　图 7-15　整个身体起伏关系

（请参考教学视频"飞禽制作 10"）

(四)浮雕制作

1. 新建模型

在浮雕界面下,框选绘制线稿,点击"模型"→"新建模型",选择适当的顶点数,确定生成模型(图7-16、图7-17)。

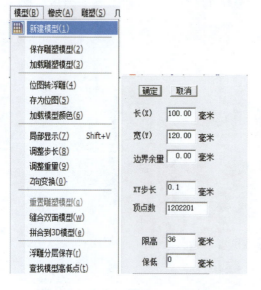

图7-16 "新建模型"工具

图7-17 生成浮雕模型
(请参考教学视频"飞禽制作11")

2. 提取区域将轮廓提取出来

将描好的图形进行框选,在"艺术绘制"下选择"区域提取",再勾选"生成外轮廓"并确定,在区域提取前,首先要保证绘制图形线条首尾相连,这样才能准确提取出想要的区域(图7-18至图7-20)。

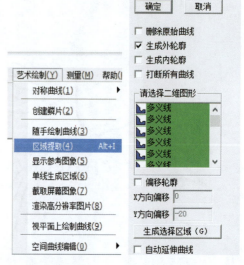

图7-18 "区域提取"工具

飞禽题材数控首饰的设计和雕刻 任务七

图 7-19 线未连接导致提取图形错误

图 7-20 修改后提取图形

(请参考教学视频"飞禽制作 12")

3. 区域浮雕制图起大形

和绘画一样,我们通过区域浮雕的方式起大形,由于是电脑通过线条计算起出的浮雕,和我们实际需要的大形有一定的差异,因此需要通过磨光、堆料、去料修整图形。

在"雕塑"下点"区域浮雕"点选模型下的区域轮廓线,让它先把大形起出来(图 7-21、图 7-22)。

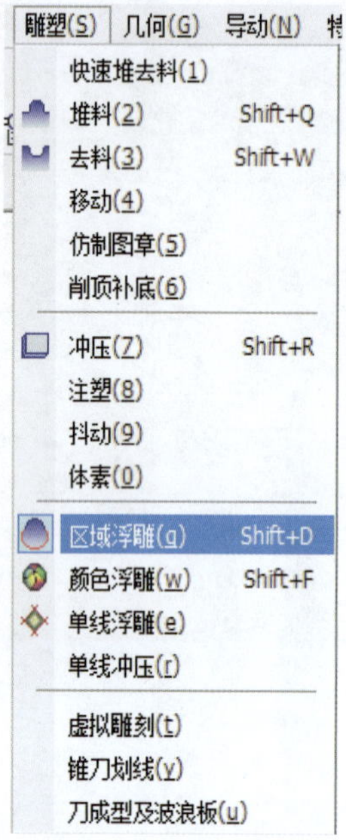

图 7-21 "区域浮雕"工具

图 7-22 区域浮雕图形
(请参考教学视频"飞禽制作 13")

4. 对图形进行填色

通过"颜色"下的"单线填色",点选线框填色,之后通过颜色下的"区域填色",点选图形内即可(图 7-23、图 7-24)。

图 7-23 "单线填色""区域填色"工具

图 7-24 浮雕填色

5. 图形修整

在雕塑下选择"磨光",高度模式选用"仅补低",颜色模板选用"内"(图 7-25、图 7-26)。

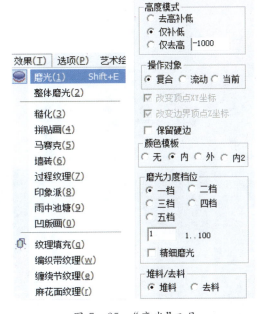

图 7-25 "磨光"工具

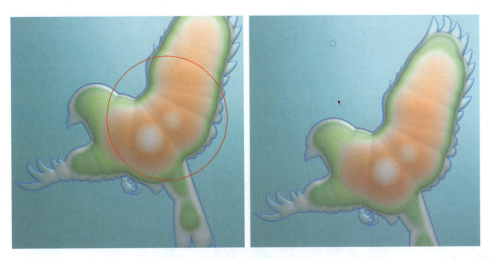

图 7-26 磨光处理

(请参考教学视频"飞禽制作 14")

6. 继续对图形进行深一层处理

对外形进一步处理，通过区域浮雕使整个身体饱满，进一步分出头和身体，通过堆料、去料、磨光进行处理（图7-27、图7-28）。

图7-27　进一步整体处理图形
（请参考教学视频"飞禽制作15"）

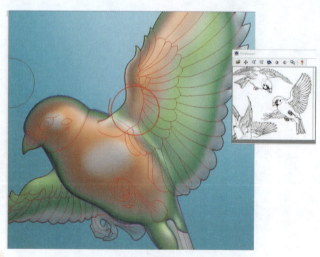

图7-28　处理好的大关系
（请参考教学视频"飞禽制作16"）

7. 翅膀的处理

先将羽毛分成三层,再通过去料、磨光处理(图7-29)

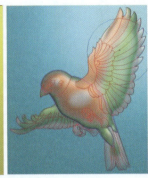
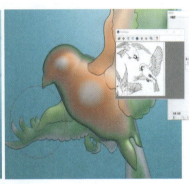
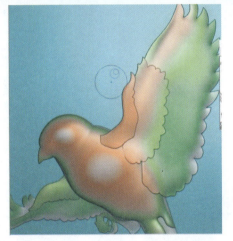

图7-29 羽毛之间大关系

(请参考教学视频"飞禽制作17")

8. 对图形进行细分

对每一层的羽毛继续进行细分、去料、磨光处理,在去料时注意按照羽毛的规律去料(图7-30、图7-31)。

图 7-30 羽毛细分

飞禽题材数控首饰的设计和雕刻 任务七

图 7-31 整个羽毛处理

（请参考教学视频"飞禽制作 18"）

9. 爪子以及其他关系的处理

在大形有的情况下，通过去料和磨光的方式处理爪子（图 7-32、图 7-33）。

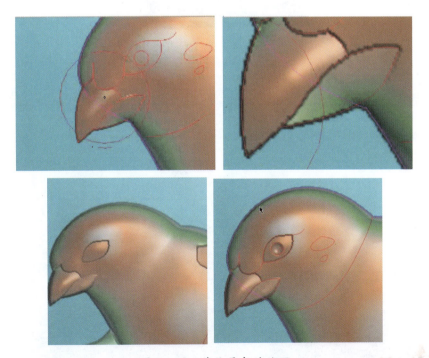

图 7-32 其他局部的处理

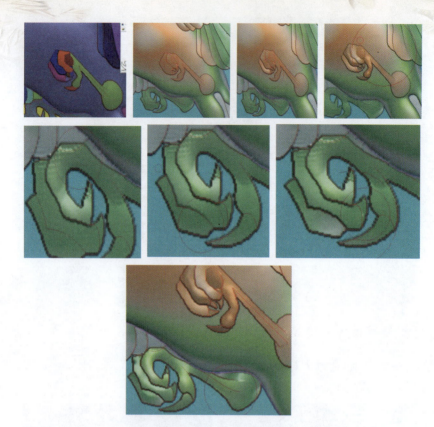

图 7-33 爪子的处理

（请参考教学视频"飞禽制作 19"）

10. 整体进行图形修整

对部分需要导动的羽毛进行曲线导动（图 7-34 至图 7-37）。

图 7-34 整体修整造型

飞禽题材数控首饰的设计和雕刻 任务七

图 7-35 对图形边界进行磨光处理

图 7-36 处理完成图形

图 7-37 灰度图效果

(请参考教学视频"飞禽制作 20")

(五)编程后处理

1. 将图形放置零平面以下

在图形聚中下进行 Z 轴方向的顶部聚中(图 7-38、图 7-39)。

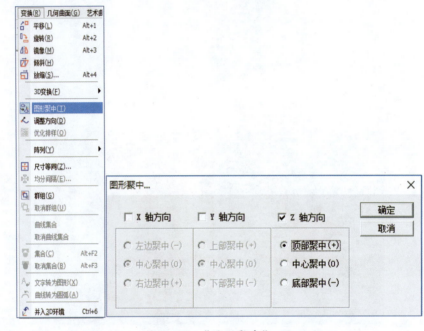

图 7-38 "图形聚中"工具

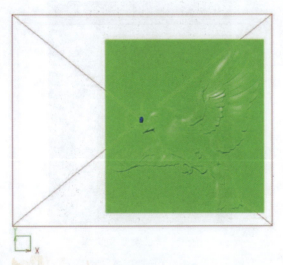

图 7-39 图形降至零平面以下

2. 对精加工路径的编辑

进行精加工路径参数设置并计算(图 7-40、图 7-41)。

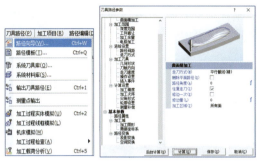

图 7-40 "路径向导"工具

图 7-41 路径实体模拟

(请参考教学视频"飞禽制作21")

五、任务实施

1. 认真学习以上有关飞禽类数控浮雕首饰的设计和制作步骤,并亲自设计一款飞禽类产品。设计制作过程中遇到的疑难问题,请及时记录并请教老师。

2. 思考:您在本课设计的飞禽类浮雕首饰应如何在数控雕刻机上加工呢?请分析加工步骤。

六、知识测评

(一)是非题

1. 对飞禽题材,很多人看到鸟的羽毛觉得一层一层太复杂,关键是需要把它的关系理顺。在描图时羽毛的描法是需要按层次衔接依次描出,对转折处一定要分清前后关系。( )

2. 在刚开始描图时,可以先从小的关系入手,先描小的区域。( )

(二)单选题

1. 在区域提取时,首先要保证绘制图形线条( )。
   A. 清晰准确　　　B. 弧度美观　　　C. 首尾相连　　　D. 颜色一致

2. 在浮雕制作中,一般可以通过区域浮雕( )。
   A. 磨光　　　　　B. 堆料、去料　　C. 做细节　　　　D. 起大形

3. 对雕塑区域内磨光,可以选择( )。
   A. 高度模式选用"去高补低",颜色模板选用"颜色内"
   B. 高度模式选用"仅补低",颜色模板选用"颜色外"
   C. 高度模式选用"仅去高",颜色模板选用"颜色内"
   D. 高度模式选用"仅补低",颜色模板选用"颜色内"

飞禽题材数控首饰的设计和雕刻 任务七

七、学习评价

序号	项目	评价指标	评价要求	得分		
				自评 30%	团队评 30%	教师评 40%
1	课前思考（10分）	查阅资料，认真分析（10分）	充分查阅资料，认真进行分析，提出自己的观点和看法			
2	任务实施（70分）	（1）能完整、正确地进行描图（10分）	能根据要求严格、认真完成，所描图案细致、准确、无遗漏			
		（2）能对所描图案进行分层、填色和浮雕设计（30分）	能对所描图案进行分层、填色和浮雕设计，要求浮雕准确、自然			
		（3）能对浮雕设计产品进行精修（20分）	能对浮雕作品进行细节处的精修，使其达到生动、美观、自然的效果			
		（4）进入编程界面，对图形进行编程输出（10分）	能进入编程界面，对图形进行编程输出，输出文件可在数控雕刻机上使用			
3	职业素养（10分）	职业素养（10分）	工作严谨、细致、认真、责任心强；有耐心，有一定独立工作能力；有开放性的思维，有创意			
4	职业纪律（10分）	职业纪律（10分）	不迟到、不早退、不玩手机、不做其他无关的事，有团队意识和集体荣誉感			
		合计				

（以上测评表仅供参考，如果您的测评分数较低，请及时向教师或同行请教。）

八、知识应用

继续完成本课作品的设计，并修整；在教师的指导下，尝试在机器上完成产品的雕刻；举一反三并设计创作出飞禽类的新款首饰。

任务八
走兽类题材数控首饰的设计和雕刻

一、任务单

学习/工作 任务单			
部门/岗位	某珠宝公司雕刻部	学习/工作人员	
下达日期		完成时限	
任务名称	完成一件走兽类题材数控浮雕类首饰的设计和雕刻		
任务描述	选择走兽类图案,对图案进行分析,描图,分层、填色和各部分的浮雕制作		
完成内容和要求	1. 按要求完成课前思考 2. 选择走兽类图案,并分析图案特点 3. 对走兽类图案按层次描图,要求描图细致、准确无误差、无遗漏 4. 完成走兽类图案的分层、填色和各部分的浮雕制作,要求浮雕生动、形象、自然、美观 5. 进入编程界面,对图形进行编程输出		
所需材料、设备、工具、参考资料和信息资源	设备:电脑、雕刻软件 资料:走兽类图案		
完成过程记录			
遇到问题和疑难点			
完成情况/测评得分	综合评价:□优　□良　□中　□合格　□不合格		
总结与心得			
任务完成时间		负责人签字	

走兽类题材数控首饰的设计和雕刻 任务八

二、预期效果

通过本任务的实施,学生将在完成任务的过程中,掌握以下内容,并具备以下能力:

1. 能够按需要选择走兽类图案,并分析走兽类造型图案特点。
2. 能够对走兽类图案进行按层次描图,达到描图细致、准确无误差、无遗漏。
3. 能够完成走兽类图案分层、填色和各部分的浮雕制作,使浮雕生动、形象、自然、美观。
4. 能进入编程界面,对图形进行编程输出。

三、课前思考

观察市场上常见的各类走兽类浮雕首饰,分析这类首饰的造型特点,在脑海中能浮现出清晰的走兽类浮雕首饰的三维形象(要求:多观察、多思考)
观察记录:
观察体会:

四、开始学习

在传统首饰和玉雕中,走兽是常用的题材,如狮、虎、熊、马、牛等。下面以狮子为案例,来进行走兽题材产品的雕刻。走兽和前面提到的花草有所不同,在设计制作时应注意肌肉的走向、肢体动态的关系、着力点、毛发的变化,区分皮毛颜色与实际动态的关系。

(一)素材的选择

走兽的造型多种多样,如果选用实体照片,对于初学者来说稍微难一点,最好选择线描图形进行设计制图。当然在选稿时,最好是选线描稿或者是关系比较清晰分明的图片来练习(图8-1)。

图 8-1　文件图稿

(请参考教学视频"走兽制作 1")

(二)文件打开

输入点阵图,选择图片并打开,进行图形聚中、对已选对象加锁(图8-2)。

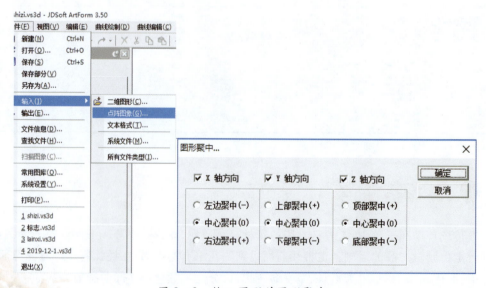

图 8-2　输入图形并图形聚中

走兽类题材数控首饰的设计和雕刻 任务八

(三)对图形进行描图,形状分析

1. 绘制多义线(图8-3)

图8-3 绘制"多义线"工具

(请参考教学视频"走兽制作2")

(1)这类图形规律性不是很强,一般采用"多义线"的方法进行绘制,绘制的起点没有什么要求,根据个人的选择情况来进行,这里先从头部开始(图8-4、图8-5)。

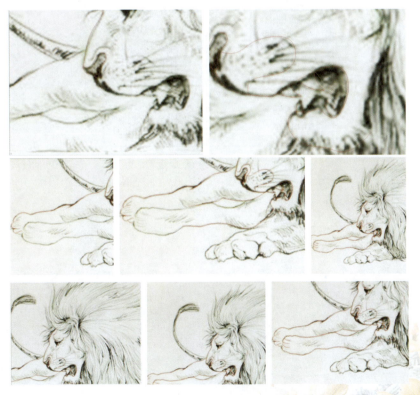

图8-4 描外形过程

图 8-5 描外形完成
(请参考教学视频"走兽制作 3")

(2)毛发的描法,还是选用"多义线"来描,采用分层次随手绘制曲线的方式,描完每一层次将它进行集合移到造型旁边继续描下一层次毛发(图 8-6 至图 8-10)。

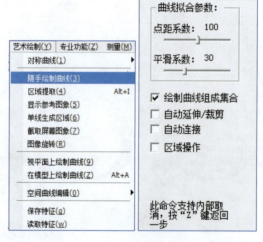

图 8-6 "随手绘制曲线"工具

图 8-7 第一层毛发绘制
(请参考教学视频"走兽制作 4")

图 8-8 第二层毛发绘制
(请参考教学视频"走兽制作 5")

走兽类题材数控首饰的设计和雕刻 任务八

图8-9 此图绘制了四层毛发

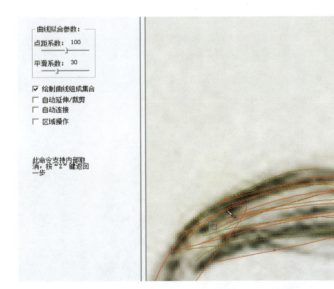

图8-10 尾部毛发绘制

（请参考教学视频"走兽制作6"）

2. 图形形状分析

物体都有它一定的形态规律,找到这个规律,制图就简单了。我们用绘制线条的方式,把大概的形状动势图简单明了地表示出来(图 8-11 至图 8-13)。

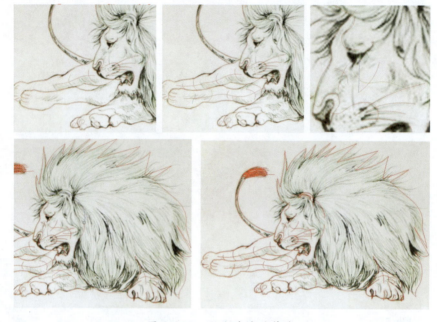

图 8-11 形体关系动势线

(请参考教学视频"走兽制作 7")

图 8-12 毛发关系动势线

走兽类题材数控首饰的设计和雕刻 任务八

图 8-13 整体绘制关系动势线
（请参考教学视频"走兽制作 8"）

(四)浮雕制作

1. 新建模型

在浮雕界面下,框选绘制的线稿,点击"模型"→"新建模型",选择适当的顶点数,确定选择生成模型(图8-14、图8-15)。

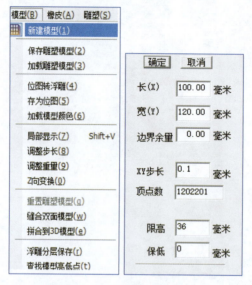

图8-14 "新建模型"工具

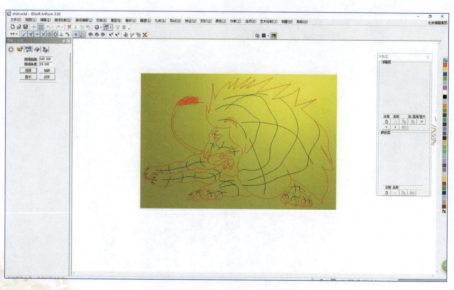

图8-15 生成浮雕模型

(请参考教学视频"走兽制作9")

2. 提取区域将轮廓提取出来

将描好的图形进行框选,在"艺术绘制"下选择"区域提取",勾选"生成外轮廓"并确定,在区域提取前,首先要保证绘制图形线条首尾相连,这样才能准确提取出想要的区域(图8-16、图8-17)。

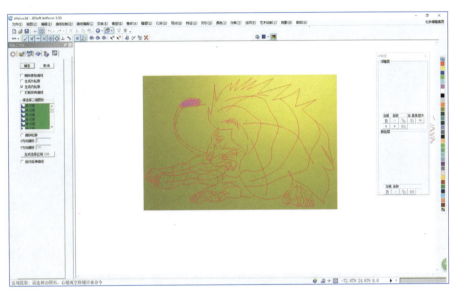

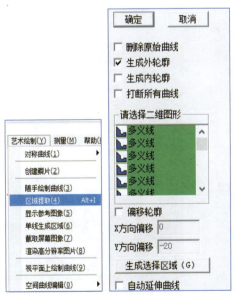

图8-16 "区域提取"工具

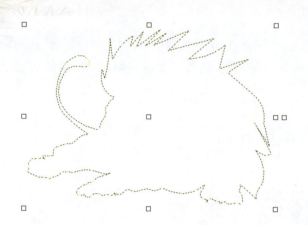

图 8-17 生成区域

（请参考教学视频"走兽制作 10"）

3. 区域浮雕制图起大形

和绘画一样，我们通过区域浮雕的方式起大形。由于是电脑软件通过线条计算起出的浮雕，和我们实际需要的大形有一定的差异，因此需要通过磨光、堆料、去料修整图形。

在"雕塑"下点"区域浮雕"，点选模型下的区域轮廓线，把大形起出来（图 8-18、图 8-19）。

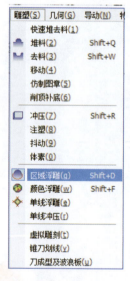

图 8-18 "区域浮雕"工具　　　图 8-19 生成区域浮雕

（请参考教学视频"走兽制作 11"）

4. 对图形进行填色

在"颜色"下选"单线填色",点选线框填色,之后通过颜色下"区域填色",点选"图形内"即可(图 8-20、图 8-21)。

图 8-20 "单线填色""区域填色"工具

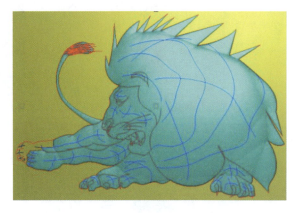

图 8-21 模型填色

5. 图形修整

在雕塑下选择"磨光",高度模式选用"仅去高",颜色模板选用"内"(图 8-22)。

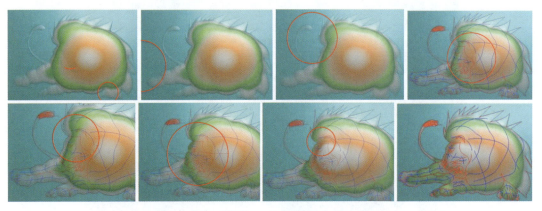

图 8-22 通过堆料、去料、磨光修整模型

(请参考教学视频"走兽制作 12")

6. 对图形进行进一步处理

对外形进一步处理，通过区域浮雕使整个身体饱满，进一步分出头和身体，通过"堆料""去料""磨光"进行处理(图 8-23、图 8-24)。

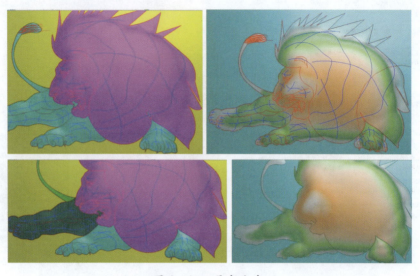

图 8-23　局部分色

(请参考教学视频"走兽制作 13")

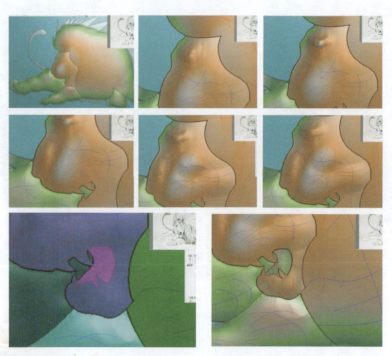

图 8-24　头部大形处理

(请参考教学视频"走兽制作 14")

对局部没有画线部位进行填色,可以在"单线填色"功能下点击"空格键",用鼠标点击两点位置上色,再对此处进行"种子填色"(图 8-25 至图 8-28)。

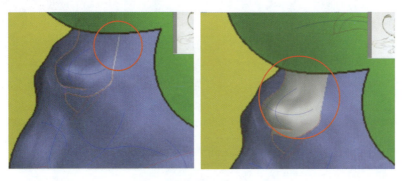

图 8-25　局部填色处理

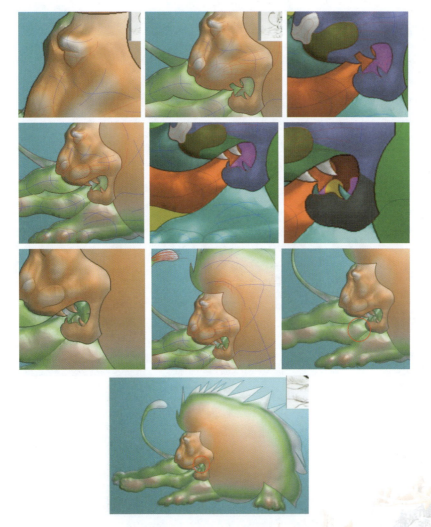

图 8-26　头部细部刻画

(请参考教学视频"走兽制作 15")

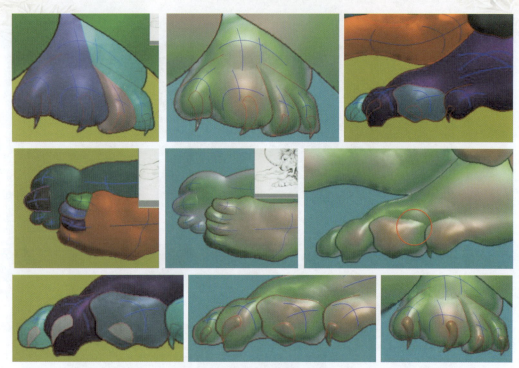

图 8-27 脚趾的分色处理

(请参考教学视频"走兽制作 16")

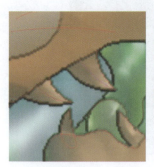

图 8-28 牙齿的处理

(请参考教学视频"走兽制作 17")

7. 毛发的处理

毛发主要通过几次描好的线条组进行"导动堆料"或者"去料"依次进行处理,对部分位置进行"磨光""仅去高"或者"补低"修整(图 8-29、图 8-30)。

走兽类题材数控首饰的设计和雕刻 任务八

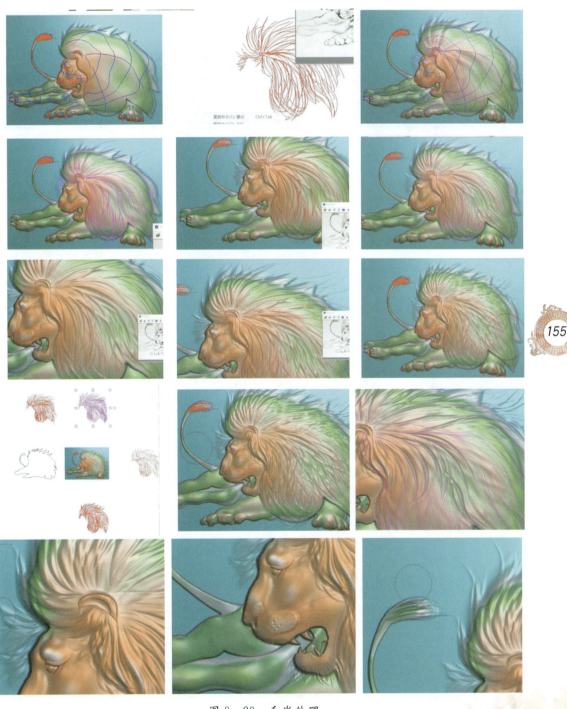

图 8-29 毛发处理

图 8-30　三种效果图模拟

（请参考教学视频"走兽制作 18"）

（五）编程后处理

1. 将图形放置零平面以下

在图形聚中下进行 Z 轴方向的顶部聚中（图 8-31、图 8-32）。

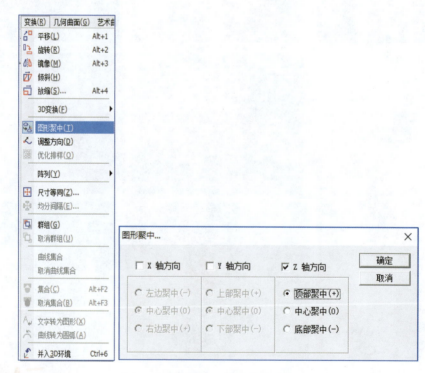

图 8-31　"图形 Z 轴方向聚中"工具

图 8-32 图形降至零平面以下

2. 对精加工路径的编辑

进行精加工路径参数设置并计算(图 8-33、图 8-34)。

 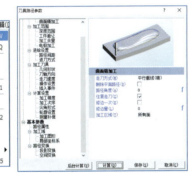 

图 8-33 "路径编辑"工具

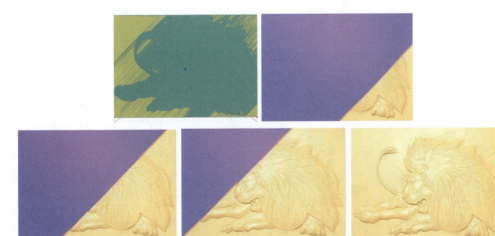

图 8-34 路径实体模拟

(请参考教学视频"走兽制作 19")

五、任务实施

1. 认真学习以上有关走兽类数控浮雕首饰的设计和制作步骤,并亲自设计一款走兽类产品。将设计制作过程中遇到的疑难问题和解决的过程记录如下:

2. 思考:您在本课设计的走兽类浮雕首饰,应如何在数控雕刻机上加工呢?请分析加工步骤。

六、知识测评

(一)是非题

1. 在走兽类题材数控首饰的设计中,在设计制作时要注意肌肉的走向、肢体动态的关系、着力点、毛发的变化,并区分毛发颜色和实际动态的关系。(　)

2. 在走兽毛发的绘制中,可以采用分层次绘制的方式,描完每一层后选中移到造型旁边继续描毛发。(　)

(二)单选题

1. 在区域雕塑时,在"雕塑"下点"区域雕塑",点选模型下的(　),把大形起出来。
   A. 区域轮廓线　　　B. 轮廓线外　　　C. 轮廓内区域　　　D. 单线

2. 对局部没有画线部位进行填色,可以在"单线填色"功能下点击空格键,用鼠标点击两点位置进行上色,再对此处进行(　)。
   A. 种子填色　　　B. 单线填色　　　C. 区域填色　　　D. 集合

走兽类题材数控首饰的设计和雕刻 任务八

七、学习评价

序号	项目	评价指标	评价要求	得分		
				自评 30%	团队评 30%	教师评 40%
1	课前思考（10分）	查阅资料，认真分析（10分）	充分查阅资料，认真进行分析，提出自己的观点和看法			
2	任务实施（70分）	（1）能完整、正确地进行描图（10分）	能根据要求严格、认真完成，所描图案细致、准确、无遗漏			
		（2）能对所描图案进行分层、填色和浮雕设计（30分）	能对所描图案进行分层、填色和浮雕设计，要求浮雕准确、自然			
		（3）能对浮雕设计产品进行精修（20分）	能对浮雕作品进行细节处的精修，使其达到生动、美观、自然的效果			
		（4）进入编程界面，对图形进行编程输出（10分）	能进入编程界面，对图形进行编程输出，输出文件可在数控雕刻机上使用			
3	职业素养（10分）	职业素养（10分）	工作严谨、细致、认真、责任心强；有耐心，有一定独立工作能力；有开放性的思维，有创意			
4	职业纪律（10分）	职业纪律（10分）	不迟到、不早退、不玩手机、不做其他无关的事，有团队意识和集体荣誉感			
			合计			

（以上测评表仅供参考，如果您的测评分数较低，请及时向教师或同行请教。）

八、知识应用

继续完成本课作品的设计，并修整；在教师的指导下，尝试在机器上完成产品的雕刻；举一反三并设计创作出走兽类的新款首饰。

任务九
龙、鱼题材数控首饰的设计和雕刻

一、任务单

	学习/工作 任务单		
部门/岗位	某珠宝公司雕刻部	学习/工作人员	
下达日期		完成时限	
任务名称	完成一件龙、鱼类题材数控浮雕首饰的设计和雕刻		
任务描述	选择龙、鱼类图案,对图案进行分析,描图,分层,填色和各部分的浮雕制作		
完成内容和要求	1. 按要求完成课前思考 2. 选择龙、鱼类图案,并分析图案特点 3. 对龙、鱼类图案按层次描图,要求描图细致、准确无误差、无遗漏 4. 完成龙、鱼类图案的分层、填色和各部分的浮雕制作,要求浮雕生动、形象、自然、美观 5. 进入编程界面,对图形进行编程输出		
所需材料、设备、工具、参考资料和信息资源	设备:电脑、雕刻软件 资料:龙、鱼类图案		
完成过程记录			
遇到问题和疑难点			
完成情况/测评得分	综合评价:□优　□良　□中　□合格　□不合格		
总结与心得			
任务完成时间		负责人签字	

龙、鱼题材数控首饰的设计和雕刻

二、预期效果

通过本任务的实施,学生将在完成任务的过程中,掌握以下内容,并具备以下能力:

1. 能够按需要选择龙、鱼类图案,并分析龙、鱼类造型图案特点。
2. 能够对龙、鱼类图案进行按层次描图,达到描图细致、准确无误差、无遗漏。
3. 能够完成龙、鱼类图案分层、填色和各部分的浮雕制作,使浮雕生动、形象、自然、美观。
4. 能进入编程界面,对图形进行编程输出。

三、课前思考

观察市场上常见的各类龙、鱼类浮雕首饰,分析这类首饰的造型特点,在脑海中能浮现出清晰的龙、鱼类浮雕首饰的三维形象(要求:多观察、多思考)
观察记录:
观察体会:

四、开始学习

在中国传统吉祥图案中,龙、鱼题材占了一定的比例,如龙凤呈祥、龙腾虎跃、年年有余、鲤鱼跃龙门等。龙、鱼造型与其他题材的区别,主要是鳞片的处理。下面就以金鱼为案例,来介绍龙、鱼造型的方法。

(一)素材的选择

鳞片类动物大家一看会觉得比较复杂,其实它还不算那么复杂,我们要做的是把图描清晰,注意鳞片与鳞片之间的关系,基本还是从大形开始刻画,逐步到细节。我们以一条金鱼为例进行制作练习。

我们在选图时一般以线描稿或者是关系比较清晰分明的图片来练习(图9-1)。

图9-1 线稿图片

(二)文件打开

1. 输入点阵图,选择好图片并打开(图9-2)

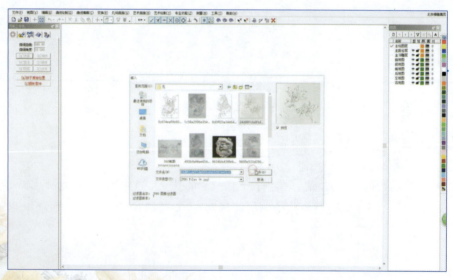

图9-2 输入线稿图示例

2. 在"变换"下选择"图形聚中"（图9-3）

图9-3 "图形聚中"工具

（请参考教学视频"金鱼制作1"）

对于一些不清晰的图片可以先选中图形，通过转成灰度图或者位图点数调整来进行设置（图9-4、图9-5）。

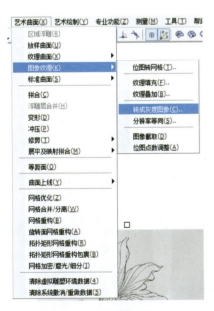

图9-4 "转成灰度图像"工具

（请参考教学视频"金鱼制作2"）

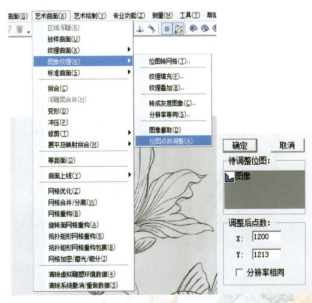

图9-5 "位图点数调整"工具

（请参考教学视频"金鱼制作3"）

3. 已选对象加锁(图9-6)

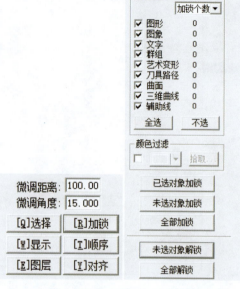

图9-6 "已选对象加锁"工具

(三)对图形进行描图,形状分析

在"曲线绘制"下选择"多义线"。在刚开始描图时,可以先从大的关系入手先描大的区域,注意区分图形之间的形体关系,不要把图形描成外轮廓,分清造型关系(图9-7至图9-13)。

图9-7 大形的描绘过程
(请参考教学视频"金鱼制作4""金鱼制作5")

龙、鱼题材数控首饰的设计和雕刻 **任务九**

图 9-8　尾鳍绘制过程

图 9-9　基本大形

（请参考教学视频"金鱼制作 6"）

图 9-10　鳞片绘制过程

（请参考教学视频"金鱼制作 7"）

图 9-11 完整图形

图 9-12 将鳞片集合并移出大形

（请参考教学视频"金鱼制作 8"）

图 9-13 将大形以外其他线条移出

（请参考教学视频"金鱼制作 9"）

(四)浮雕制作

1. 新建模型

在浮雕界面下,框选绘制线稿,点击"模型"→"新建模型",选择适当的顶点数,确定生成模型(图 9-14、图 9-15)。

图 9-14 "新建模型"工具

图 9-15 生成浮雕模型

(请参考教学视频"金鱼制作 10")

2. 提取区域将轮廓提取出来

将描好的图形进行框选,在"艺术绘制"下选择"区域提取",再勾选"生成外轮廓"并确定,在区域提取前,首先要保证绘制图形线条首尾相连,这样才能准确提取出想要的区域(图 9-16、图 9-17)。

3. 区域浮雕制图起大形

和绘画一样,我们通过区域浮雕的方式起大形,由于是电脑软件通过线条计算起出的浮雕,和我们实际需要的大形有一定的差异,因此需要通过磨光、堆料、去料修整图形。

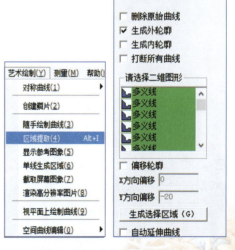

图 9-16 "区域提取"工具

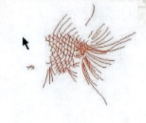

图 9-17 "区域提取"过程

（请参考教学视频"金鱼制作 11"）

在"雕塑"下点"区域浮雕"，点选模型下的区域轮廓线，把大形起出来（图 9-18、图 9-19）。

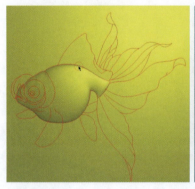

图 9-18 "区域浮雕"工具　　　图 9-19 区域浮雕图形

（请参考教学视频"金鱼制作 12"）

4. 对图形进行填色

通过"颜色"下的"单线填色"，点选线框填色，之后通过颜色下的"区域填色"，点选图形内即可（图 9-20、图 9-21）。

图 9-20 "单线填色""区域填色"工具

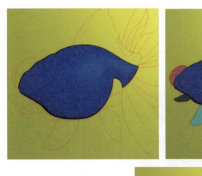

图 9-21　浮雕填色

（请参考教学视频"金鱼制作 13"）

5. 图形修整

在雕塑下选择"磨光"，高度模式选用"仅去高"，颜色模板选用"内"（图 9-22）。

图 9-22　"磨光"工具

6. 继续对图形进行深一层处理

通过堆料、去料、磨光同步对鱼鳍进行绘制处理(图 9-23)。

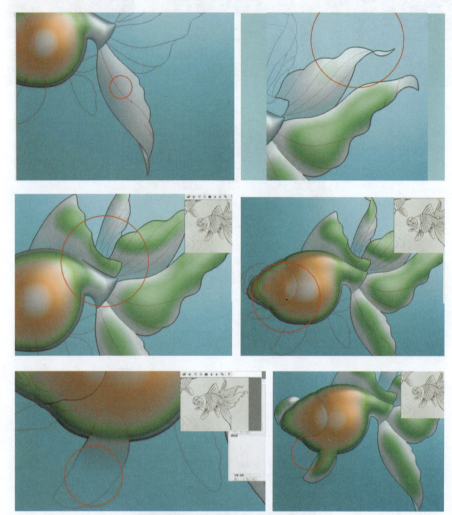

图 9-23 鱼鳍制作过程
(请参考教学视频"金鱼制作 14")

细分颜色通过堆料、去料、磨光进一步细分鱼鳍细节,使其更加灵动(对于依附部分的处理方式也基本类似)(图9-24)。

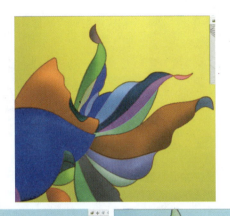

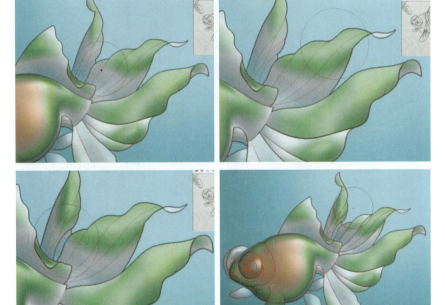

图9-24 细分鱼鳍制作过程

在细分鱼鳍的过程中对其他细节进行处理(图9-25、图9-26)。

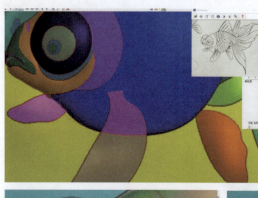

图9-25 头部处理

(请参考教学视频"金鱼制作15")

图9-26 基本整体大形

(请参考教学视频"金鱼制作16")

7. 鱼鳞的制作处理

将绘制并集合好的鱼鳞移回到图形上，通过堆料、去料、磨光同步对鱼鳍进行绘制处理，绘制鳞片是可以通过软件中的"创建鳞片"来实现，而另外一种创建方式就是在绘制好的鳞片下使用鳞状面功能实现。在本案例中为了避免软件命令生成的图形死板，还是采用堆料、去料、磨光的方式制作，相对比较慢但效果好（图9-27至图9-30）。

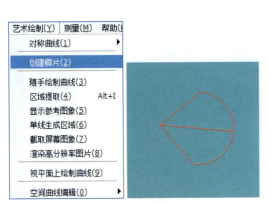

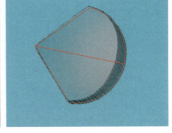

图9-27 "创建鳞片"工具　　　　图9-28 "鳞状面"工具

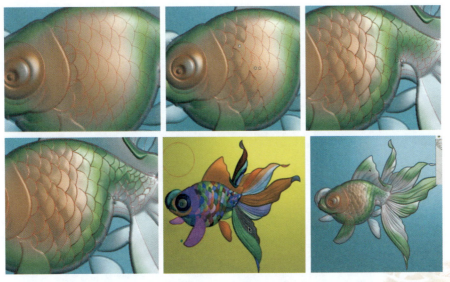

图9-29 鳞片制作过程

（请参考教学视频"金鱼制作17"）

图 9-30　完成图形

（请参考教学视频"金鱼制作 18"）

（五）编程后处理

1. 将图形放置零平面以下

在"图形聚中"下进行 Z 轴方向的顶部聚中（图 9-31）。

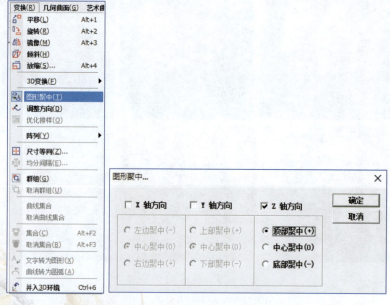

图 9-31　图形 Z 轴方向聚中

2. 对精加工路径的编辑

进行精加工路径参数设置并计算(图9-32、图9-33)。

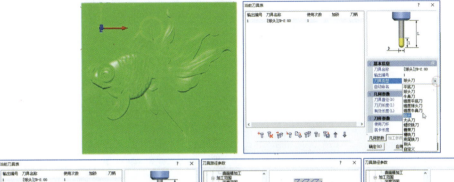

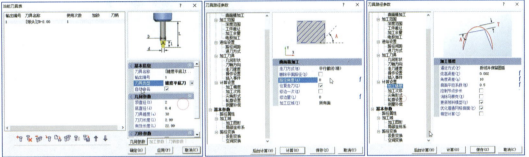

图9-32 "路径编辑"工具

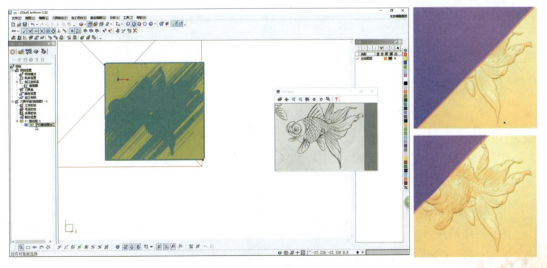

图9-33 路径实体模拟

(请参考教学视频"金鱼制作19")

五、任务实施

1. 认真学习以上有关龙、鱼类数控浮雕首饰的设计和制作步骤,并亲自设计一款龙、鱼类产品。将设计制作过程中遇到的疑难问题和解决的过程记录如下:

2. 思考:您在本课设计的龙、鱼类浮雕首饰,应如何在数控雕刻机上加工呢?请分析加工步骤。

六、知识测评

(一)是非题

1. 龙、鱼造型与其他题材的区别,主要是鳞片的处理。( )

2. 对于一些不清晰的图片,可以先选中图形,通过转成灰度图或者尺寸调整来进行设置。( )

(二)单选题

1. 在龙、鱼等题材的设计上,绘制鳞片可以用软件中"艺术绘制"下的( )来实现。
   A. 创建鳞片　　　　B. 鳞状面　　　　C. 曲线编辑　　　　D. 花边

2. 在龙、鱼等题材的设计上,绘制鳞片可以用软件中"几何"下的( )来实现。
   A. 创建鳞片　　　　B. 鳞状面　　　　C. 曲线编辑　　　　D. 花边

龙、鱼题材数控首饰的设计和雕刻 **任务九**

七、学习评价

序号	项目	评价指标	评价要求	得分		
				自评 30%	团队评 30%	教师评 40%
1	课前思考（10分）	查阅资料，认真分析（10分）	充分查阅资料，认真进行分析，提出自己的观点和看法			
2	任务实施（70分）	(1) 能完整、正确地进行描图(10分)	能根据要求严格、认真完成，所描图案细致、准确、无遗漏			
		(2) 能对所描图案进行分层、填色和浮雕设计(30分)	能对所描图案进行分层、填色和浮雕设计，要求浮雕准确、自然			
		(3) 能对浮雕设计产品进行精修(20分)	能对浮雕作品进行细节处的精修，使其达到生动、美观、自然的效果			
		(4) 进入编程界面，对图形进行编程输出(10分)	能进入编程界面，对图形进行编程输出，输出文件可在数控雕刻机上使用			
3	职业素养（10分）	职业素养（10分）	工作严谨、细致、认真、责任心强；有耐心，有一定独立工作能力；有开放性的思维，有创意			
4	职业纪律（10分）	职业纪律（10分）	不迟到、不早退、不玩手机、不做其他无关的事，有团队意识和集体荣誉感			
			合计			

（以上测评表仅供参考，如果您的测评分数较低，请及时向教师或同行请教。）

八、知识应用

继续完成本课作品的设计，并修整；在教师的指导下，尝试在机器上完成产品的雕刻；举一反三并设计创作出龙、鱼类的新款首饰。

任务十
山水题材数控首饰的设计和雕刻

一、任务单

学习/工作 任务单			
部门/岗位	某珠宝公司雕刻部	学习/工作人员	
下达日期		完成时限	
任务名称	完成一件山水类题材数控浮雕类首饰的设计和雕刻		
任务描述	选择山水类图案,对图案进行分析,描图、分层、填色和各部分的浮雕制作		
完成内容和要求	1. 按要求完成课前思考 2. 选择山水类图案,并分析图案特点 3. 对山水类图案按层次描图,要求描图细致、准确无误差、无遗漏 4. 完成山水类图案的分层、填色和各部分的浮雕制作,要求浮雕生动、形象、自然、美观 5. 进入编程界面,对图形进行编程输出		
所需材料、设备、工具、参考资料和信息资源	设备:电脑、雕刻软件 资料:山水类图案		
完成过程记录			
遇到问题和疑难点			
完成情况/测评得分	综合评价:□优　□良　□中　□合格　□不合格		
总结与心得			
任务完成时间		负责人签字	

二、预期效果

通过本任务的实施,学生将在完成任务的过程中,掌握以下内容,并具备以下能力:

1. 能够按需要选择山水类图案,并分析山水类造型图案特点。
2. 能够对山水类图案进行按层次描图,达到描图细致、准确无误差、无遗漏。
3. 能够完成山水类图案分层、填色和各部分的浮雕制作,使浮雕生动、形象、自然、美观。
4. 能进入编程界面,对图形进行编程输出。

三、课前思考

观察市场上常见的各类山水类浮雕首饰,分析这类首饰的造型特点,在脑海中能浮现出清晰的山水类浮雕首饰的三维形象(要求:多观察、多思考)
观察记录:
观察体会:

四、开始学习

(一)素材的选择

山水类图案主要是摆层次,处理层次高低关系,在玉雕、石雕当中不需要刻画得十分细致,应懂得适当取舍(请参考教学视频"山水1")。

(二)文件打开

输入点阵图,选择图片打开并进行图形聚中、已选对象加锁(图10-1)。

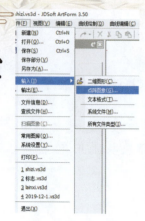  

图 10-1　输入图形和"图形聚中"工具

（三）对图形进行描图，形状分析

1. 从形状层次上分析（大致分四个层次，图 10-2）

2. 绘制多义线

山本身棱角分明，所以线要描得相对硬实一些，绘制时进入"多义线"功能，起点位置点击鼠标左键，在棱角分明处点击鼠标左键再点击鼠标右键依次类推，在绘制后双击鼠标右键，结束此区域绘制（图 10-3、图 10-4）。

 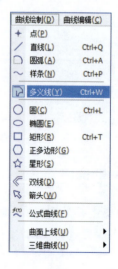

图 10-2　层次关系分析图　　　　　　　图 10-3　绘制"多义线"工具
（请参考教学视频"山水 2"）　　　　　（请参考教学视频"山水 3"）

任务十 山水题材数控首饰的设计和雕刻

图 10-4 绘制山的线条、层次、衔接

在描树木、花草、渔船、房屋等时不需要描得很细,能模糊地辨认出是树木景物就好(图 10-5 至图 10-8)(请参考教学视频"山水 4")。

图 10-5 局部描其他

图 10-6 在"艺术绘制"下打开参考图

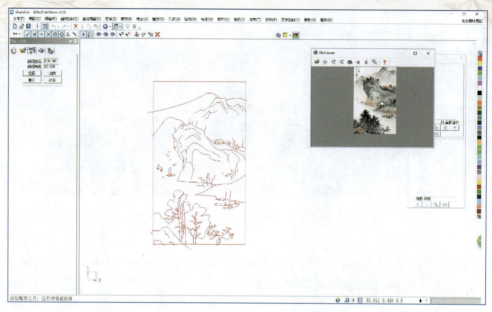

图 10-7　打开参考图并放到相应位置

（请参考教学视频"山水 5"）

图 10-8　描好的图稿

（四）浮雕制作

1. 新建模型

在浮雕界面下，框选绘制线稿，点击"模型"→"新建模型"，选择适当的顶点数，确定选择生成模型（图 10-9、图 10-10）。

山水题材数控首饰的设计和雕刻 任务十

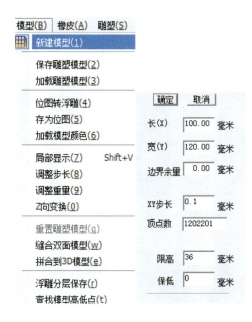

图 10-9 "新建模型"工具

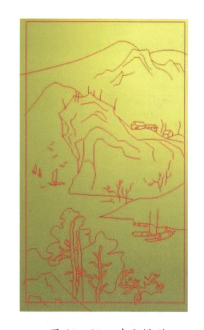

图 10-10 建立模型
（请参考教学视频"山水 6"）

对图中的线条不合理或者不相交的进行相交或者修剪，为下一步填色做好准备（请参考教学视频"山水 7"）。

2. 进行模型填色

通过框选线条，使用"颜色"下"自动分色"对图形进行分色，并对自动调好的颜色进行修整，使图上颜色不会杂乱繁多，便于浮雕分层（图 10-11、图 10-12）。

图 10-11 "自动分色"工具

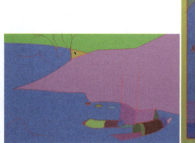

图 10-12 调整颜色
（请参考教学视频"山水 8"）

3. 虚拟浮雕起大形

(1) 采用冲压、去料的方式对分好的颜色进行四个层次分层，在"雕塑"下选择"冲压"（图 10-13、图 10-14）。

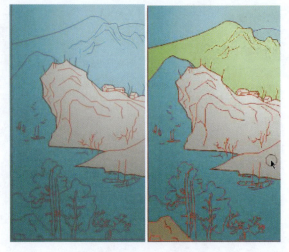

图 10-13 "冲压"工具　　　　图 10-14 冲压分层

（请参考教学视频"山水 9"）

(2) 通过去料、堆料以及磨光的方式对大形进行处理（图 10-15、图 10-16）。

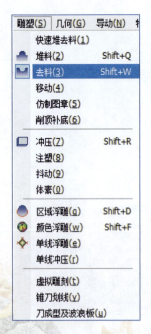
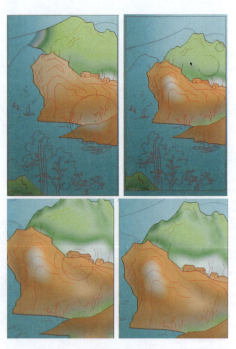

图 10-15 "雕塑"下"堆料""去料"工具　　　图 10-16 堆料、去料、磨光处理图形

（请参考教学视频"山水 10"）

（3）山的刻画比较坚硬，可以用软件里的"祥云"命令，在用这个命令之前要先进行分色，进行"固化"，保持造型的层次形状，在保持现有层次下对图形的造型进一步修整。对棱角部分进行分色，之后在"橡皮"选项下找到"整体固化"点击即可（图10-17至图10-19）。

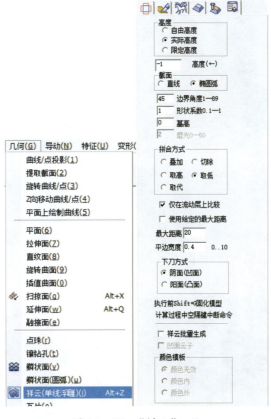

图10-17 "祥云"工具

图10-18 局部分色

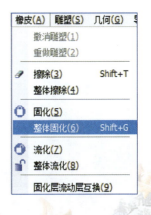

图10-19 "整体固化"工具

"祥云"命令的使用方法：首先在"几何"命令下进入"祥云"命令，鼠标左键点击事先填好颜色要执行命令的位置，再用鼠标左键点击颜色边界的单线，实现"祥云"功能的应用（在应用中要观察"高度"调整是否合理，是否需要"平边宽度"的设置）（图10-20）。

 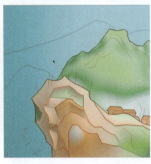  

图10-20　依次通过"祥云"命令制图

（请参考教学视频"山水11"）

（4）在通过"祥云"命令制图时，也需要通过磨光、堆料、去料（请参考教学视频"山水12"），将山与山之间的关系衔接好（图10-21、图10-22）。

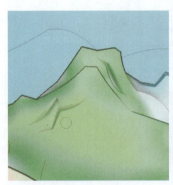  

图10-21　同样方式对其他山进行处理

（请参考教学视频"山水13"）

    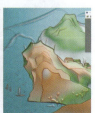

图10-22　其他位置简单处理

（请参考教学视频"山水14"）

(5) 对整个图形处理完成后,为了突出效果,需对图形进一步处理,使画面显得更加丰富,可采用图片位图转网格并拼合到之前图形的方式来丰富画面。在平面界面→"艺术曲面"→"图像纹理"→"位图转网格",点选需要转换的图片,弹出"位图转曲面"时需要选择黑色最高或白色最高,之后给这个曲面高度添加一个高度值(注意不易添加过高,由于图片有像素差异,很多转过来的图形不能真正应用于图形中反而会影响造型效果),之后就自动按照设置转换为曲面浮雕(图10-23)。

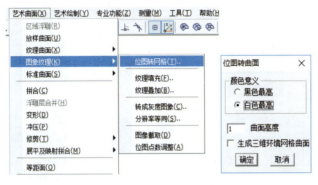

图 10-23 "位图转网格"工具

(请参考教学视频"山水15")

(6) 接下来就需要进入虚拟浮雕界面,对一些不需要的地方进行堆料、去料、磨光等处理,从而达到完美的状态(图10-24)。

图 10-24 对生成的图形进行修改调整

(请参考教学视频"山水16")

(7) 将生成的图片转网格并修好的图,用拼合的方式贴到我们制作的图上去,让画面更加丰富,注意这种转换来的图主要用作图形后期的贴合,不能实际应用于加工。再次到平面界面,并且显示方式变为"渲染显示"时将两张图移动重叠起来,被拼曲面点选转换的图形,拼合基面选择制作的图形,之后按确定(也可以将两个曲面融合勾选使其成为一个曲面)(图10-25、图10-26)。

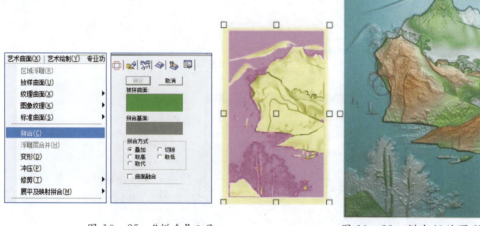

图10-25 "拼合"工具
(请参考教学视频"山水17")

图10-26 拼合好的图形

(8)之后再进入虚拟浮雕环境进行修改调整,直到最合适为止(图10-27)。

图10-27 修改的图形
(请参考教学视频"山水18")

(五)编程后处理

1. 将图形放置零平面以下

在图形聚中下进行 Z 轴方向的顶部聚中(图 10-28)。

图 10-28　图形 Z 轴方向顶部聚中

2. 对精加工路径的编辑

采用平行截线方式进行精加工路径参数设置并计算(图 10-29、图 10-30)。

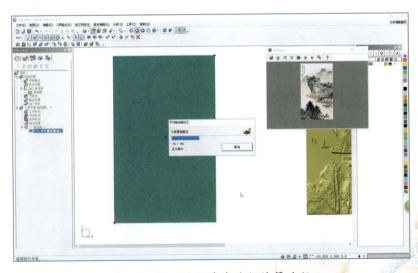

图 10-29　平行截线路径计算过程

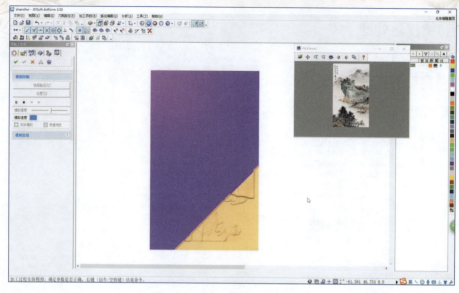

图 10-30 加工模拟

（请参考教学视频"山水 19"）

五、任务实施

1. 认真学习以上有关山水类数控浮雕首饰的设计和制作步骤，并亲自设计一款山水类作品。将设计制作过程中遇到的疑难问题和解决的过程记录如下：

2. 思考：您在本课设计的山水类浮雕首饰，应如何在数控雕刻机上加工呢？请分析加工步骤。

六、知识测评

（一）是非题

1. 山水类图案主要是摆层次，处理好高低关系，要懂得适当取舍。（   ）

山水题材数控首饰的设计和雕刻 任务十

2. 在填色时,可以使用"颜色"下的"自动分色"对图形进行颜色调整。( )

(二)单选题

1. 在山水类题材的描图时,由于山本身棱角分明,所以线要描得相对硬实一点。绘制时进入多义线功能,起点位置点击鼠标左键,在棱角分明处( ),依次类推。

A. 点击鼠标右键　　　　　　　　B. 点击鼠标左键
C. 点击鼠标右键再点击鼠标左键　　D. 点击鼠标左键再点击鼠标右键

2. 在结束多义线绘制时,应( )

A. 单击鼠标右键　　　　　　　　B. 单击鼠标左键
C. 双击鼠标右键　　　　　　　　D. 双击鼠标左键

3. 在设计山水类题材时,由于山的刻画比较坚硬,可以使用软件里的( )功能。

A. 点珠　　　　B. 祥云　　　　C. 镶钻孔　　　　D. 鳞状面

七、学习评价

序号	项目	评价指标	评价要求	得分		
				自评 30%	团队评 30%	教师评 40%
1	课前思考(10分)	查阅资料,认真分析(10分)	充分查阅资料,认真进行分析,提出自己的观点和看法			
2	任务实施(70分)	(1)能完整、正确地进行描图(10分)	能根据要求严格、认真完成,所描图案细致、准确、无遗漏			
		(2)能对所描图案进行分层、填色和浮雕设计(30分)	能对所描图案进行分层、填色和浮雕设计,要求浮雕准确、自然			
		(3)能对浮雕设计产品进行精修(20分)	能对浮雕作品进行细节处的精修,使其达到生动、美观、自然的效果			
		(4)进入编程界面,对图形进行编程输出(10分)	能进入编程界面,对图形进行编程输出,输出文件可在数控雕刻机上使用			
3	职业素养(10分)	职业素养(10分)	工作严谨、细致、认真、责任心强;有耐心,有一定独立工作能力;有开放性的思维,有创意			
4	职业纪律(10分)	职业纪律(10分)	不迟到、不早退、不玩手机、不做其他无关的事,有团队意识和集体荣誉感			
			合计			

(以上测评表仅供参考,如果您的测评分数较低,请及时向教师或同行请教。)

八、知识应用

继续完成本课作品的设计,并修整;在教师的指导下,尝试在机器上完成产品的雕刻;举一反三并设计创作出山水类的新款首饰。

任务十一 四轴浮雕首饰的设计和雕刻——戒指

一、任务单

学习/工作 任务单	
部门/岗位	某珠宝公司雕刻部	学习/工作人员	
下达日期		完成时限	
任务名称	完成一件四轴数控浮雕类首饰的设计和雕刻(戒指)
任务描述	选择四轴类浮雕戒指的图案,对图案进行分析,描图、分层、填色和各部分的浮雕制作
完成内容和要求	1. 按要求完成课前思考 2. 选择四轴类浮雕戒指图案,并分析图案特点 3. 对四轴类浮雕戒指图案按层次描图,要求描图细致、准确无误差、无遗漏 4. 完成四轴类浮雕戒指图案的分层、填色和各部分的浮雕制作,要求浮雕生动、形象、自然、美观 5. 进入编程界面,对图形进行编程输出
所需材料、设备、工具、参考资料和信息资源	设备:电脑、雕刻软件 资料:四轴类浮雕戒指图案
完成过程记录	
遇到问题和疑难点	
完成情况/测评得分	综合评价:□优　□良　□中　□合格　□不合格
总结与心得	
任务完成时间		负责人签字	

二、预期效果

通过本任务的实施,学生将在完成任务的过程中,掌握以下内容,并具备以下能力:

1. 能够按需要选择四轴类浮雕戒指图案,并分析四轴类浮雕戒指造型图案特点。
2. 能够对四轴类浮雕戒指图案进行按层次描图,达到描图细致、准确无误差、无遗漏。
3. 能够完成四轴类浮雕戒指图案分层、填色和各部分的浮雕制作,使浮雕生动、形象、自然、美观。
4. 能进入编程界面,对图形进行编程输出。

三、课前思考

观察市场上常见的各类四轴类浮雕戒指,分析这类首饰的造型特点,在脑海中能浮现出清晰的四轴类浮雕戒指的三维形象(要求:多观察、多思考)
观察记录:
观察体会:

四、开始学习

(一)素材的选择

对于四轴圆雕简单图形的制作来说,在软件中的应用也是有很多的,如耳环、戒指或者一些大的装饰物件。下面以简单的装饰戒指为例,进行一个柱面制图设计(图11-1)。

(二)文件打开

输入点阵图,选择图片打开并进行图形聚中,已选对象加锁(图11-2)。

四轴浮雕首饰的设计和雕刻——戒指 任务十一

图 11-1　文件图稿

（请参考教学视频"四轴戒指 1"）

图 11-2　输入图形并图形聚中

（请参考教学视频"四轴戒指 2"）

（三）对图形进行绘制，形状分析

打开图片对图形进行分析，如果用最常用的方式可能我们直接描线描出图形就好，这里我们可以先从图上找找规律，看能不能用一些软件特有的功能来实现描图。可以对颜色分明的图形进行线条轮廓的提取（图 11-3、图 11-4）。

通过"图像矢量化"工具点选要生成的部分（在"区域提取设置"内选择"轮廓线"），在选择图片方面应选择像素比较高、颜色反差比较大的图。对于生成的图形中还有一些因为色差不需要或者错误的线条，可以通过取消集合，再进行图形编辑（请参考教学视频"四轴戒指 3"）。

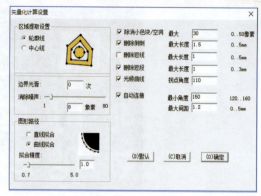

图11-3 "图像矢量化"工具

图11-4 "图像矢量化"工具提取出的线稿

图片线稿提取好后,接下来就是按照实际戒指比例进行图形的设计摆放,按照国际的戒指尺寸,选择一个周长为59.5毫米,也就是展开的图形的长度为59.5毫米,宽度可以增加,即设置一个合理的宽度即可(以10毫米宽度为例)。按照这个尺寸先画一个矩形,再把提取好的图形通过缩放,合理摆放在矩形内(图11-5、图11-6)。

图 11-5　绘制好的矩形

（请参考教学视频"四轴戒指 4"）

图 11-6　摆放好提取的线条

（请参考教学视频"四轴戒指 5"）

（四）浮雕制作

1. 新建模型

在浮雕界面下，框选绘制线稿，点击"模型"→"新建模型"，选择适当的顶点数，确定选择生成模型（图 11-7、图 11-8）。

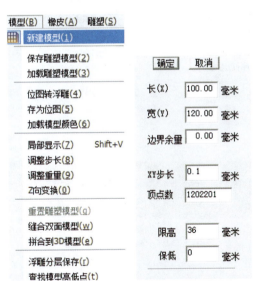

图 11-7　"新建模型"工具

图 11-8　生成模型

（请参考教学视频"四轴戒指 6"）

2. 对图形进行填色

通过"颜色"下的"单线填色",点选线框填色,之后通过颜色下的"区域填色",点选图形内即可(图 11-9、图 11-10)。

图 11-9 "单线填色""区域填色"工具

图 11-10 填好色的浮雕
(请参考教学视频"四轴戒指 7")

采用"冲压"的方式将所需要冲压的颜色部分进行"冲压"(图 11-11、图 11-12)。

四轴浮雕首饰的设计和雕刻——戒指 任务十一

图 11-11 "冲压"工具

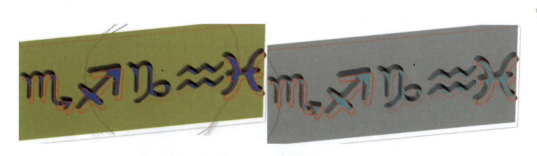

图 11-12 冲压好的图形
（请参考教学视频"四轴戒指 8"）

将冲压好的图形边缘进行导动磨光，使边缘圆滑（图 11-13、图 11-14）。

在图做好以后，将图包裹起来，让它完全成为一个真正戒指的外形。在平面界面里，打开"艺术曲面"→"展平及映射拼合"→"圆柱面映射拼合"，分别将被拼合曲面（浮雕图）和展平图（矩形线框）选择好，点确定即可，在做命令之前最好先保存一下，以免不成功导致图形丢失（图 11-15、图 11-16）。

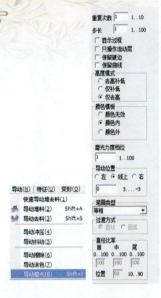

图 11-13 "导动磨光"工具　　　　　　　图 11-14 导动磨光后的图形

（请参考教学视频"四轴戒指 9"）

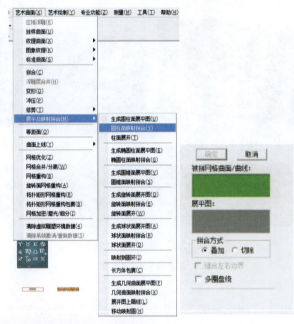

图 11-15 "圆柱面映射拼合"工具

四轴浮雕首饰的设计和雕刻——戒指 任务十一

图 11-16　生成好的图形

（请参考教学视频"四轴戒指 10"）

（五）编程后处理

将设计好的图形进行翻转,摆放到合适角度,便于在编程界面下使用多轴路径组编程,在编程后处理界面选择摆放好的图形,通过四轴旋转加工,选择合适的刀具进行编辑计算,完成路径编辑（图 11-17 至图 11-19）。

 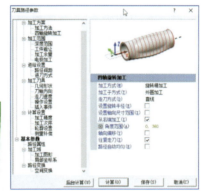

图 11-17　四轴编程

（请参考教学视频"四轴戒指 11"）

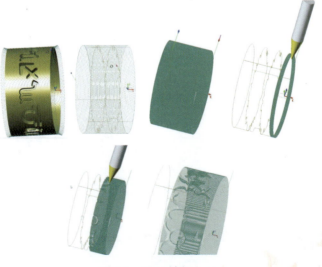

图 11-18　模拟加工

（请参考教学视频"四轴戒指 12"）

图 11-19　首饰模型

五、任务实施

1. 认真学习以上有关四轴类浮雕戒指的设计和制作步骤，并亲自设计一款四轴类浮雕戒指产品。将设计制作过程中遇到的疑难问题和解决的过程记录如下：

2. 思考：在本课设计的四轴类浮雕戒指，应如何在数控雕刻机上加工呢？请分析加工步骤。

六、知识测评

（一）是非题

1. 在描图时，除了直接通过描线描出图形外，可以先从图上找规律，使用软件的一些特有功能来实现描图。（　）

2. 在描图时，可以在"区域提取设置"内选择"轮廓线"，对颜色分明的图形进行线条轮廓的提取。（　）

(二)单选题

1. 在四轴戒指的设计中,图做好后,可以使用"艺术曲面"→"展平及映射拼合"→( ),使它成为一个戒指的外形。

A. 圆柱面映射拼合　　　　　　B. 圆形映射拼合
C. 圆柱面映射结合　　　　　　D. 圆锥面映射结合

2. 在戒指的设计中,编程后处理界面选择摆放好的图形,通过( ),选择合适的刀具进行路径编辑。

A. 二轴路径组编程　　　　　　B. 三轴路径组编程
C. 四轴旋转加工　　　　　　　D. 多轴旋转加工

七、学习评价

序号	项目	评价指标	评价要求	得分		
				自评 30%	团队评 30%	教师评 40%
1	课前思考 (10分)	查阅资料,认真分析 (10分)	充分查阅资料,认真进行分析,提出自己的观点和看法			
2	任务实施 (70分)	(1)能完整、正确地进行描图(10分)	能根据要求严格、认真完成,所描图案细致、准确、无遗漏			
		(2)能对所描图案进行分层、填色和浮雕设计(30分)	能对所描图案进行分层、填色和浮雕设计,要求浮雕准确、自然			
		(3)能对浮雕设计产品进行精修(20分)	能对浮雕作品进行细节处的精修,使其达到生动、美观、自然的效果			
		(4)进入编程界面,对图形进行编程输出(10分)	能进入编程界面,对图形进行编程输出,输出文件可在数控雕刻机上使用			
3	职业素养 (10分)	职业素养 (10分)	工作严谨、细致、认真、责任心强;有耐心,有一定独立工作能力;有开放性的思维,有创意			
4	职业纪律 (10分)	职业纪律 (10分)	不迟到、不早退、不玩手机、不做其他无关的事,有团队意识和集体荣誉感			
合计						

(以上测评表仅供参考,如果您的测评分数较低,请及时向教师或同行请教。)

八、知识应用

请在课后,继续完成本课作品的设计,并修整;在教师的指导下,尝试在机器上完成产品的雕刻;举一反三设计创作出四轴类浮雕戒指的新款首饰。

任务十二
五轴浮雕首饰的设计和雕刻——葫芦

一、任务单

学习/工作 任务单	
部门/岗位	某珠宝公司雕刻部　　学习/工作人员
下达日期	完成时限
任务名称	完成一件五轴数控浮雕类首饰的设计和雕刻(葫芦)
任务描述	选择五轴类浮雕的图案(葫芦),对图案进行分析,描图,分层,填色和各部分的浮雕制作
完成内容和要求	1. 按要求完成课前思考 2. 选择五轴类浮雕的图案(葫芦)图案,并分析图案特点 3. 对五轴类浮雕的图案(葫芦)按层次描图,要求描图细致、准确无误差、无遗漏 4. 完成五轴类浮雕的图案(葫芦)的分层、填色和各部分的浮雕制作,要求浮雕生动、形象、自然、美观 5. 进入编程界面,对图形进行编程输出
所需材料、设备、工具、参考资料和信息资源	设备:电脑、雕刻软件 资料:五轴类浮雕的图案(葫芦)
完成过程记录	
遇到问题和疑难点	
完成情况/测评得分	综合评价:□优　　□良　　□中　　□合格　　□不合格
总结与心得	
任务完成时间	负责人签字

二、预期效果

通过本任务的实施,学生将在完成任务的过程中,掌握以下内容,并具备以下能力:

1. 能够按需要选择五轴类浮雕的图案(葫芦),并分析五轴类浮雕(葫芦)造型图案特点。
2. 能够对五轴类浮雕的图案(葫芦)进行按层次描图,达到描图细致、准确无误差、无遗漏。
3. 能够完五轴类浮雕的图案(葫芦)分层、填色和各部分的浮雕制作,使浮雕生动、形象、自然、美观。
4. 能进入编程界面,对图形进行编程输出。

三、课前思考

观察市场上常见的各类五轴类浮雕的产品,分析这类首饰的造型特点,在脑海中能浮现出清晰的五轴类浮雕的产品的三维形象(要求:多观察、多思考)
观察记录:
观察体会:

四、开始学习

(一)素材的选择

前面讲述的都是浮雕的制作,对于五轴圆雕简单图形的制作来说,在软件中的应用也很多,下面通过简单的葫芦造型,进一步了解圆雕的制图设计。

在简单的立体图形制作中,我们选择用简单的绘制基本图形组合来绘制图形,这样可以更自由地去塑造形体。

(二)图形的绘制

既然是圆雕,它也有自己的制图界面,一般软件内没有此功能,只有开通此功能后才可以显示该界面(图 12-1)。

图 12-1　3D 雕塑界面

(请参考教学视频"葫芦制作 1")

先在这个界面下取一个框来确定图形制作的范围。葫芦是由两个一大一小的圆组成,先绘制一根中心轴,然后开始绘制两个圆(图 12-2、图 12-3)。

图 12-2　绘制矩形

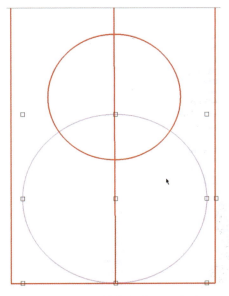

图 12-3　绘制中轴线和两个圆

制好的图形比较规整,需要进行一些细部变化调整(图 12-4)。

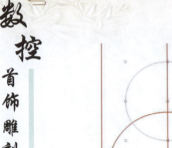 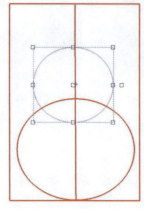 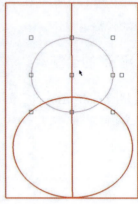

图 12-4　进行图形调整

(请参考教学视频"葫芦制作 2")

（三）浮雕制作

在 3D 虚拟界面进行虚拟雕塑的制作，可以通过旋转面方式将造型旋转出来（图 12-5）。

先选择要生成的线，点击"艺术绘制"→"几何曲面"→"旋转面"，以画出的中心轴为旋转轴，进行 180°旋转（图 12-6）。

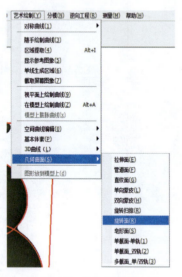 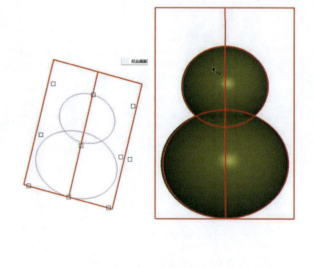

图 12-5　"旋转面"工具　　　　　图 12-6　旋转面做出的面

(请参考教学视频"葫芦制作 3")

这时可以在"模型"下选择"重置雕塑模型"，选择图形后，可以对图形进行"堆料""去料""磨光"等处理（图 12-7）。

对于葫芦大形来说，还有一些细节需要添加，可以通过"魔球"的方式进行制图，通过

"加球""减球"将魔球进行移动、旋转、缩放,将调整好的魔球转化为雕塑的方式来实现,对转换好的图形进行磨光处理(图 12-8 至图 12-12)。

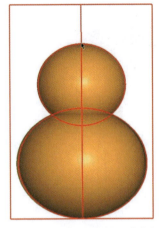

图 12-7 "重置雕塑模型"选择图形

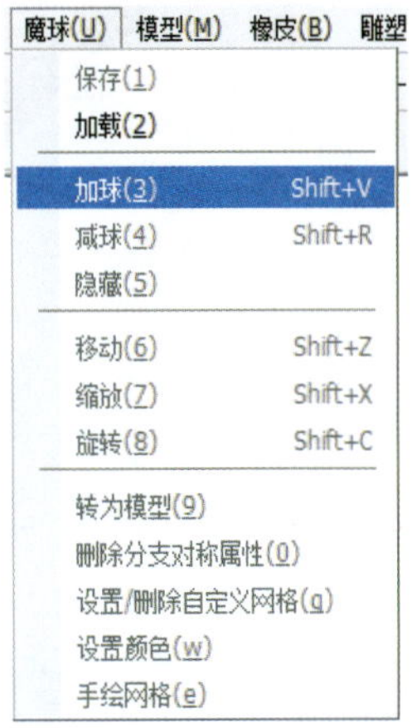

图 12-8 "魔球"工具

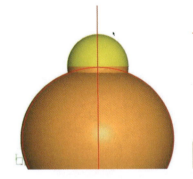

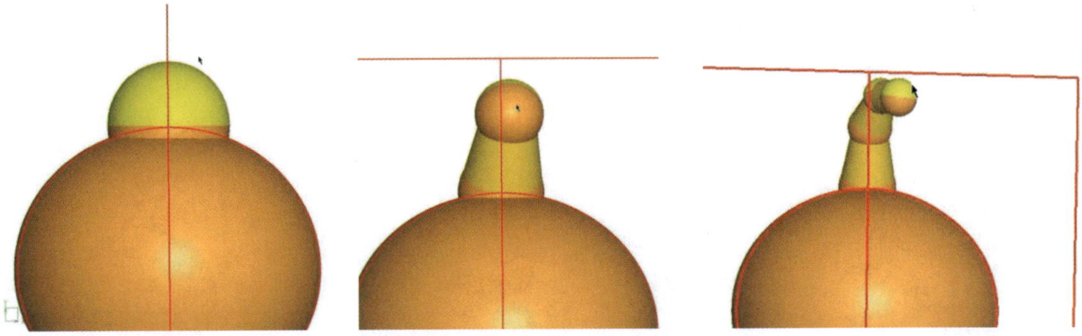

图 12-9 进行造型调整

(请参考教学视频"葫芦制作 4")

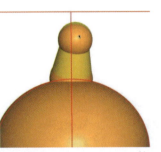

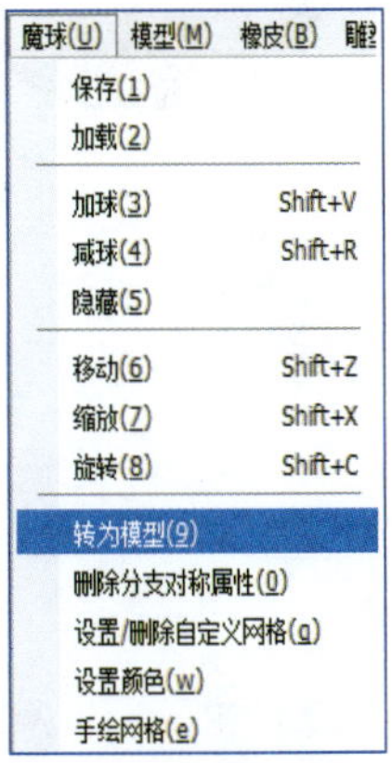

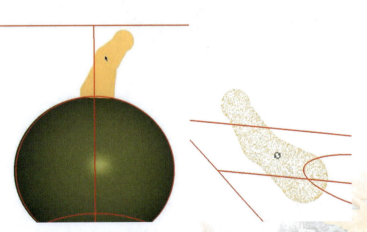

图 12-10 "转为模型"工具

图 12-11 转换的模型

(请参考教学视频"葫芦制作 5")

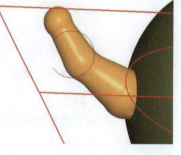
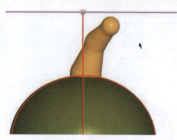

图 12-12 磨光处理模型

（请参考教学视频"葫芦制作 6"）

对已经处理的两个图形进行合并，通过"模型布尔运算"的方式进行合并，并对合并后的图形进行处理（图 12-13、图 12-14）。

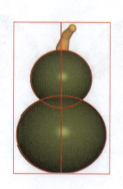

图 12-13 "模型布尔运算"工具

图 12-14 "模型布尔运算"合并模型，进行磨光处理

（请参考教学视频"葫芦制作 7"）

（四）编程后处理

对于多轴编程加工来说，可以先用三轴的开粗方式建立坐标系定位开粗，之后先围绕造型画旋转面（作为五轴投影精加工的导动面），再进行多轴下精加工编程（图 12-15、图 12-16）。

五轴浮雕首饰的设计和雕刻——葫芦 任务十二

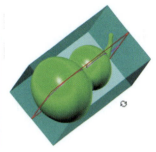

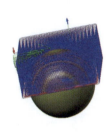
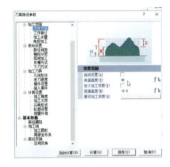

图 12-15 模型开粗编程

（请参考教学视频"葫芦制作 8"）

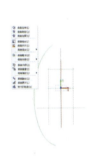

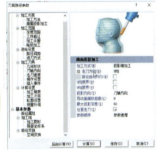

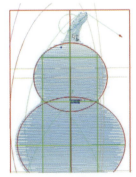
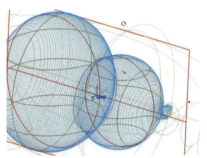
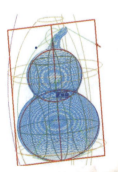

图 12-16 模型五轴投影精加工编程

（请参考教学视频"葫芦制作 9"）

五、任务实施

1. 认真学习以上有关五轴类浮雕产品（葫芦）的设计和制作步骤，并设计一款五轴类浮雕产品。将设计制作过程中遇到的疑难问题和解决的过程记录如下：

2. 思考：在本课设计的五轴类浮雕产品，应如何在数控雕刻机上加工呢？请分析加工步骤。

六、知识测评

（一）是非题

1. 在设计制作葫芦时，可以在3D虚拟界面进行虚拟雕塑的制作，通过旋转面方式将造型旋转出来。（　　）
2. 在设计制作葫芦时，可以通过"模型布尔运算"进行合并。（　　）

（二）单选题

1. 我们通过立体的葫芦造型首饰，可以学习（　　）的制作方法。
   A. 二轴产品　　　B. 三轴阳雕　　　C. 四轴浮雕　　　D. 五轴圆雕
2. 在制作葫芦大形时，可以通过（　　）的方式制图。
   A. 魔型　　　　　B. 魔球　　　　　C. 魔环　　　　　D. 魔棒

七、学习评价

序号	项目	评价指标	评价要求	得分		
				自评 30%	团队评 30%	教师评 40%
1	课前思考(10分)	查阅资料,认真分析(10分)	充分查阅资料,认真进行分析,提出自己的观点和看法			
2	任务实施(70分)	(1)能完整、正确地进行描图(10分)	能根据要求严格、认真完成,所描图案细致、准确、无遗漏			
		(2)能对所描图案进行分层、填色和浮雕设计(30分)	能对所描图案进行分层、填色和浮雕设计,要求浮雕准确、自然			
		(3)能对浮雕设计产品进行精修(20分)	能对浮雕作品进行细节处的精修,使其达到生动、美观、自然的效果			
		(4)进入编程界面,对图形进行编程输出(10分)	能进入编程界面,对图形进行编程输出,输出文件可在数控雕刻机上使用			
3	职业素养(10分)	职业素养(10分)	工作严谨、细致、认真、责任心强;有耐心,有一定独立工作能力;有开放性的思维,有创意			
4	职业纪律(10分)	职业纪律(10分)	不迟到、不早退、不玩手机、不做其他无关的事,有团队意识和集体荣誉感			
		合计				

(以上测评表仅供参考,如果您的测评分数较低,请及时向教师或同行请教。)

八、知识应用

继续完成本课作品的设计,并修整;在教师的指导下,尝试在机器上完成产品的雕刻;举一反三并设计创作出五轴类浮雕产品的新款首饰。

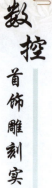

主要参考文献

白峰,2017.中国玉器概论[M].北京:化学工业出版社.
方泽,2014.中国玉器[M].北京:清华大学出版社.
古方,2005.中国出土玉器全集[M].北京:科学出版社.
教育部职业教育宝玉石鉴定与加工教学资源库[DB/OL].[2020-09-19].https://www.icve.com.cn/zgzbys.
王昶,申柯娅,李坤,2019.中国玉器鉴赏[M].北京:化学工业出版社.

附 录

附录一 常用快捷键

菜单类	菜单命令	快捷键	说明
文件	新建	Ctrl+N	建立新文档
	打开	Ctrl+O	打开一个现有的文档
	保存	Ctrl+S	保存活动文档
查看	窗口观察	F5	对图形进行窗口放大
	全部观察	F6	将所有的图形显示到整个工作窗口
	选择观察	F7	将选择的图形显示到整个工作窗口
	上次观察	F8	恢复到上次的工作窗口
	全屏观察	F12	开启或关闭全屏绘图模式
	重画	Ctrl+R	重新显示工作窗口
	正交捕捉	Ctrl+D	开启或关闭正交捕捉模式
	特征点自动捕捉	Ctrl+E	开启或关闭特征点自动捕捉模式
	显示填充	Ctrl+F	显示或隐藏填充颜色
绘制	直线	Ctrl+Q	绘制直线
	圆弧	Ctrl+A	绘制圆弧
	多义线	Ctrl+W	绘制多义线
编辑	撤销	Ctrl+Z	撤销一步操作
	剪切	Ctrl+X	剪切被选对象,并将其置于剪贴板上
	复制	Ctrl+C Ctrl+Ins	复制被选对象,并将其置于剪贴板上
	粘贴	Ctrl+V Shift+Ins	插入剪贴板内容
	删除	Del	删除被选对象
	切断	Alt+1	图形切断
	修剪	Alt+2	图形快速裁剪

续表

菜单类	菜单命令	快捷键	说明
编辑	延伸	Alt+3	非闭合图形延伸
	倒圆角	Alt+4	
	倒斜角	Alt+5	
	连接	Alt+6	
	区域等距	Ctrl+1	计算轮廓曲线区域的等距线
	区域焊接	Ctrl+2	曲线轮廓区域的求并运算
	区域剪裁	Ctrl+3	曲线轮廓区域的相减运算
	区域相交	Ctrl+4	曲线轮廓区域的求交集运算
变换	集合	Alt+F2	将被选图形组合为一个集合
	取消集合	Alt+F3	将被选图形打散成为单个图形

附录二　虚拟浮雕界面快捷键

菜单类	菜单命令	快捷键	菜单类	菜单命令	快捷键	菜单类	菜单命令	快捷键
雕塑	堆料	Shift+Q	橡皮	擦除	Shift+T	编辑	撤销	Ctrl+Z
	去料	Shift+W		整体固化	Shift+G		重做	Ctrl+Y
	冲压	Shift+R	几何	扫掠面	Alt+X		修剪	Alt+8
	区域浮雕	Shift+D		延伸面	Alt+Q		延伸	Alt+9
	颜色浮雕	Shift+F		祥云（单线浮雕）	Alt+Z		单线等距	Alt+5
导动	导动堆料	Shift+A	绘制	直线	Ctrl+Q		区域等距	Ctrl+1
	导动去料	Shift+S		圆弧	Ctrl+A		区域焊接	Ctrl+2
	导动磨光	Shift+J		样条	Ctrl+P		区域剪裁	Ctrl+3
变换	平移	Alt+1		多义线	Ctrl+W		区域求交	Ctrl+4
	旋转	Alt+2		圆	Ctrl+L	其他	磨光	Shift+E
	镜像	Alt+3		矩形	Ctrl+T		灰度显示	Shift+M
	放缩	Alt+4	特征	特征磨光	Shift+L		地图显示	Shift+B
	集合	Alt+F2		消除锯齿	Shift+I		图形显示	Shift+N
	取消集合	Alt+F3	颜色	涂抹颜色	Shift+O		模型属性	Shift+H
视图	重画	Ctrl+R		单线填色	Shift+Z		漂移（运动方向）	Shift+Y
	正交捕捉	Ctrl+D		种子填色	Shift+X			
	自动导航	Ctrl+E		区域填色	Shift+C			
	窗口观察	F5		颜色区域矢量化	Shift+U		区域提取	Alt+I
	全部观察	F6						
	选择观察	F7	捕捉工具条 显/隐		Ctrl+F			
	上次观察	F8						
	旋转观察	F4						
	全屏观察	F12						

附录三　虚拟雕塑常用功能快捷键

快捷键	菜单命令	快捷键	菜单命令	快捷键	菜单命令
Q/W	刷子高度减/增	Y	显示/隐藏零平面多边形	8	进入节点编辑
A/S	刷子尺寸减/增	`	显示/隐藏基色多边形	90	选择导动笔画类型
Z/X	取消/恢复	H	显示/隐藏刷子外形	IOPKL	改变导动笔画尺寸
D/F	半衰直径减/增	U	更新模型并重画	，	显示/隐藏单线
E	图形隐藏/显示	J	移动缩放旋转模型时，着色/线框显示	。	显示/隐藏区域
R	模型隐藏/显示	[	动态选择开/关	T	显示/隐藏参考模型
N	整体擦除颜色	2	改变颜色模板选项	G	显示/隐藏模型颜色
V	边界顶点填色	3	改变拼合方式选项	M	模型颜色顺序置为当前颜色
C	置为俯视图	4	改变高度模式选项	Shift+左键	设置当前颜色（在有颜色模板的命令中有效）
]	精细显示	5	改变半衰直径比例	Shift+空格键	消除颜色杂点（大小≤20，四连通，大色块刺点整理）
P 或 Shift+P	单线整体自动分色（基色）	6	进入虚拟雕塑	空格键	擦掉悬空的单线颜色，单线分割模型填色或单线区域填色
K 或 Shift+K	单纯整体自动分色（当前颜色）	7	进入选择工具		

附录四 知识测评答案

任务一 认识数控首饰雕刻

是非题:1. 对　2. 对　3. 对　4. 错
单选题:1. A　2. B　3. D　4. B

任务二 认识数控雕刻机

是非题:1. 错　2. 对　3. 对　4. 对　5. 错
单选题:1. B　2. B　3. A　4. B　5. C

任务三 字母款数控首饰的设计和雕刻

是非题:1. 错　2. 对
单选题:1. C　2. B　3. D

任务四 徽章款数控首饰的设计和雕刻

是非题:1. 对　2. 错
单选题:1. B　2. A

任务五 卡通造型数控首饰的设计和雕刻

是非题:1. 对　2. 对
单选题:1. A　2. D

任务六 花草题材数控首饰的设计和雕刻

是非题:1. 对　2. 错　3. 对　4. 对
单选题:1. A　2. B

任务七　飞禽题材数控首饰的设计和雕刻

是非题：1. 对　　2. 错
单选题：1. C　　2. D　　3. C

任务八　走兽类题材数控首饰的设计和雕刻

是非题：1. 对　　2. 错
单选题：1. A　　2. A

任务九　龙、鱼题材数控首饰的设计和雕刻

是非题：1. 对　　2. 错
单选题：1. A　　2. B

任务十　山水题材数控首饰的设计和雕刻

是非题：1. 对　　2. 对
单选题：1. D　　2. C　　3. B

任务十一　四轴浮雕首饰的设计和雕刻——戒指

是非题：1. 对　　2. 对
单选题：1. A　　2. C

任务十二　五轴浮雕首饰的设计和雕刻——葫芦

是非题：1. 对　　2. 对
单选题：1. D　　2. B